Al Cielo en Tren

Las misiones Apolo tuvieron tantas chances de viajar a la Luna y regresar con los astronautas sanos y salvos como las chances que tendría UN TREN en hacer el mismo trayecto espacial y regresar con su tripulación a salvo.

La primera parte de "Al Cielo en Tren" es una recopilación de datos donde demuestro la farsa de las misiones Apolo de la Nasa que comenzaron con el mítico Apolo 11 en 1969 y concluyeron en 1972 con el Apolo 17.

Todas estas misiones fueron sin dudas el mayor fraude en la historia de la humanidad y lo desarrollaré en primer lugar, continuando luego con otros misterios y ocultamientos a través del tiempo.

En la segunda parte describo algunos de los aberrantes experimentos militares llevados a cabo por Estados Unidos y sus consecuencias en nuestro planeta.

La tercera parte está dedicada a un tema que es ignorado por muchos, el corrimiento de los polos magnéticos de la Tierra y sus consecuencias.

Este es un libro que pretende dar a conocer hechos y conspiraciones que en algunos casos los asombrará y en otros casos los horrorizará. No es casual la elección de título, la humanidad desde sus orígenes ha sido inducida a creer en falsos dogmas y acontecimientos por organizaciones políticas, económicas, religiosas y científicas en su propio beneficio y como medio para dominar a las masas y en gran medida lo han conseguido.

En el siglo XXI estamos preparados para el conocimiento de la verdad y sacudirnos todas esas mentiras que han sido sembradas en alguna parte de nuestro cerebro y que damos por ciertas sin tomarnos la molestia de analizarlas.

"¿Por qué, por qué asustarnos si está creciendo el viento? ¡Basta! se ha dicho: ¡basta! Y el blanco, el amarillo, el negro.

¿Qué importan los colores? Todos avanzan hacia el tiempo nuevo.

La rebelión se ha puesto en marcha. Desde la calle, el aula, el cepo... Y no hay quien pueda detenerla, porque ya se ha perdido el miedo".

Mario Vecchioli - Poeta rafaelino

Primera parte

A 46 años de la llegada del hombre a la Luna

"Un gran paso…" al costado.

Debo reconocer que yo siempre sospeché que las potencias aeroespaciales nos ocultaban información de lo que vieron los astronautas en la Luna, en mi anterior libro "Creer o Saber", entre otros temas, transcribo supuestas comunicaciones de los astronautas de las misiones Apolo, narrando lo que estaban viendo en el espacio y en la superficie de la Luna (supuestas naves alienígenas), incluso fotos de estos ovnis acompañando a las naves Apolo en su trayectoria.

Pues bien, a medida en que continué investigando llegué a la conclusión que las misiones Apolo fueron una farsa, es más, pienso que las falsas grabaciones y fotografías fueron infiltradas por la NASA para luego desmentirlas, pero de esta manera consolidaban la idea colectiva que estuvieron en la Luna pero que no vieron nada. Se llama desinformación (afirmar que no vieron nada consolidando la idea de que estuvieron allá)

En 2015 se cumplen cuarenta y seis años del día en que el mundo se paró a ver a Neil Armstrong apoyar su pie en la Luna. Entonces parecía que nada detendría al hombre en la conquista del sistema solar. Pero visto hoy, ese comienzo se pareció más a un final. Junto con la URSS se acabó la carrera espacial, el espacio virtual desplazó al interestelar en la búsqueda científica, y ese "gran paso de la humanidad" quedó en el vacío.

La verdad es que hoy por hoy, la Luna no le importa a nadie, y la NASA, que hace cuarenta y seis años alcanzó el pináculo de la gloria, tiene que hacer anuncios extraordinarios y no confirmados: inventar (o extrapolar) agua en Marte, dudosos planetas orbitando alrededor de estrellas, extrañas luces en lejanos planetas, galaxias a miles de años luz, todo para conseguir más dinero y un poco de publicidad.

No les parece extraño que con el actual avance tecnológico y siendo capaces de fotografiar galaxias a miles de años luz cuando queremos ver las fotos de los módulos de descenso de las misiones Apolo en la Luna por medio de Google Earth (luna) solo nos muestren burdos dibujitos y haya sitios lunares borroneados y ofuscados. ¿Por qué nos muestran la Luna en tan baja resolución fotográfica y en blanco y negro? No es que pretenda ver la pequeña huella dejada por Armstrong pero los módulos de descenso eran lo suficientemente grandes como para poder verlos ahora con nitidez.

Un 20 de julio de 1969 se completaba el ciclo iniciado por Galileo cuando en 1610 se convirtió en el primer terrícola que miró la Luna (a través de un telescopio, claro está), y auguraba expediciones casi inmediatas a Marte, a Júpiter, a Plutón. El hombre, sin distinción de género, conquistaría el sistema solar y emprendería el viaje a las estrellas, formaría el Imperio Galáctico imaginado luego por Asimov. Y era así: la carrera espacial no solamente era un barómetro político, sino que, además, tenía el aliento de la saga y la aventura; el género más apropiado para ella no era la pálida ciencia ficción sino el poema heroico. Hoy los poderosos hierros espaciales se pudren en alguna parte, unos cohetes que se levantan, transmiten aún la sensación de incertidumbre porque en 2015 siguen explotando en los lanzamientos, la Unión Soviética dejó de existir, los Estados Unidos no conquistaron el espacio, aunque sí globalizaron la Tierra, y aquel "gran paso para la Humanidad", según la preparada y seguramente muchas veces ensayada frase espontánea de Armstrong, quedó en el vacío. ¿Y si hubiera sido un paso en falso? ¿Y si en vez de confirmar y expandir la aventura de Galileo la hubiera clausurado, poniendo fin a cuatrocientos años de revolución científica? ¿Y si hubiera sido, no un comienzo, sino un final?

Seguro que fue el punto final de la carrera del espacio. No está del todo mal recordarla: había una vez un país, o una federación de países llamada Unión Soviética, había una cosa llamada guerra fría, había una competencia y una de las escaramuzas de esa competencia, curiosamente, parecía dirimirse (por lo menos publicitariamente) fuera de la Tierra y no en ella. Durante años la URSS había llevado la delantera: en 1957 los soviéticos pusieron en órbita el primer satélite artificial, luego, el primer astronauta, el 14 de setiembre de 1959, lograron estrellar contra la Luna un aparato de 292 kilos (el Luna 2). Un mes después, la sonda Luna 3 enviaba a la Tierra imágenes de la cara oculta del satélite. El 3 de febrero de 1966 el Luna 9 se posaba suavemente sobre la superficie de la Luna y enviaba las primeras fotos desde allí. Pero los norteamericanos ya habían recuperado un terreno que no perderían: en 1961 el entonces presidente Kennedy se había comprometido a poner un hombre en la Luna, iniciando uno de los tres proyectos más caros del siglo (junto al Manhattan, que culminó en la bomba atómica y el Proyecto Genoma Humano). En 1964 lograron hacer impacto (con el Ranger 7), mientras el programa Apolo daba sus primeros pasos. El 2 de junio de 1966, el Surveyor 1 se posaba también en la Luna, en diciembre de 1968 despegó el Apolo 8; fue supuestamente la primera nave que salió de la Tierra y se colocó en órbita de la Luna con tres personas adentro. El 20 de julio de 1969, con las previstas palabras de Neil Armstrong, los norteamericanos se alzaron ante el mundo con el premio mayor: La "conquista" de la Luna.

20 Pruebas qué no fuimos a la Luna

1 - Radiación

Los cinturones de Van Allen

Los cinturones o bandas de Van Allen son ciertas zonas de la magnetósfera terrestre donde se concentran las partículas cargadas. Son llamados así en honor de su descubridor: James Van Allen en 1958.

Estos cinturones son áreas en forma de anillo de superficie toroidal en las que protones y electrones se mueven en espiral en gran cantidad entre los polos magnéticos de nuestro planeta y son peligrosos para las naves y los satélites artificiales que la atraviesen, pues tanto los equipos electrónicos como los seres humanos pueden verse perjudicados por la radiación.

Estos cinturones de radiación se originan por el intenso campo magnético de la Tierra producto de su rotación. Ese campo atrapa partículas cargadas (plasma) provenientes del Sol (viento solar), así como partículas cargadas que se generan por interacción de la atmósfera terrestre con la radiación cósmica y la radiación solar de alta energía.

Estos cinturones altamente radiactivos contienen antiprotones, antipartículas de enorme fuerza electromagnética.

Cuando los cinturones de radiación fueron descubiertos, en 1958, desafiaron las ideas ortodoxas que se tenían en esa época. La mayoría de las personas asumía que el espacio alrededor de la Tierra estaba vacío. El primer satélite estadounidense, el Explorer 1, demostró lo contrario.

El Explorer 1, oficialmente llamado Alpha 1, fue lanzado el 31 de enero de 1958 (a las 22:48, hora del Este de los EE.UU., desde

Cabo Cañaveral, a bordo del cohete Júpiter C, diseñado por un alemán, ex nazi, Werner Von Braun, creador del cohete de largo alcance V-2, aunque luego fue apodado por los estadounidenses como "pionero del espacio".

El Explorer 1 no era muy grande pues tenía una longitud de 203 centímetros, un diámetro de 15,9 centímetros y un peso de despegue de 13,97 kg. A pesar de eso, fue el primero en alcanzar la órbita y retornar con información científica.

(Foto: James Van Allen, centro. Werner Von Braun, derecha)

La pequeña sonda espacial estaba equipada con un tubo Geiger para contar los protones y electrones energéticos. Al viajar alrededor de la Tierra, el Explorer 1 encontró tantas partículas cargadas que el registro del contador estuvo fuera de la escala casi todo el tiempo.

Paradójicamente el descubrimiento se dio gracias a que la colocación del satélite fue un fracaso conforme a la órbita que se planeó originalmente. Su órbita fue mucho más elevada que lo que se había calculado)

De hecho, fue hasta alrededor de la 1:30 de la madrugada del 1 de febrero, en la costa este de Estados Unidos, y tras la confirmación de que el Explorer 1 estaba efectivamente en órbita, que se celebró una rueda de prensa en el Great Hall de la Academia Nacional de Ciencias de Estados Unidos en Washington D. C. para anunciar su colocación en órbita al resto del mundo.

Durante el vuelo del Explorer 1, los niveles de radiación parecían estar en aumento cuando, de pronto, descendieron hasta cero y luego comenzaron a aumentar nuevamente, para después volver a descender hasta cero. Pronto, el equipo se dio cuenta de que las regiones que aparecían en cero realmente estaban ¡fuera de escala! Estas regiones de alta radiación fueron identificadas y se las conoce como los cinturones de radiación de Van Allen en honor a James van Allen, quien dirigió el diseño, la construcción y la instrumentación científica del Explorer 1.

El satélite estuvo enviando datos hasta el 28 de febrero, pero se mantuvo en órbita hasta el 31 de marzo de 1970 cuando se produjo su reentrada en la atmósfera precipitándose al Océano Pacífico.

Es imposible que algún ser humano haya atravesado esa infranqueable radiación, llegado a la Luna y luego atravesado de nuevo a su regreso.

Existen dos cinturones, uno de ellos es llamado cinturón interior y está ubicado a una distancia de 1.000 km. y se extiende hasta los 6.000 km. Es mortal para cualquier entidad biológica que conozcamos.

El cinturón exterior comienza a los 13.000 km y se extiende hasta los 60.000 km y también es sencillamente infranqueable.

Todas las misiones tripuladas al espacio, Mercury, Géminis, Soyuz, Skylab y los Sapa Shutle han estado muy por debajo del cinturón radioactivo Van Allen, incluso los satélites y la estación espacial ISS están ubicados alejados de la mortal radiación. Todas, excepto las misiones Apolo y las primeras misiones de la URSS donde murieron sus tripulantes.

Los soviéticos, más experimentados y con muchas muertes de astronautas, solo enviaron sondas espaciales sin tripulación a la Luna.

El blindaje necesario para salvaguardar la vida de los astronautas debería haber envuelto a la nave en un escudo de plomo que hubiese hecho imposible que la nave despegue por el increíble peso que debería levantar. Apolo solo tenía una protección de aluminio de 1/8 de pulgada (1/8″ = 32 mm.). Apenas un poco más del grosor del aluminio de una lata de gaseosa o cerveza.

El 24 de abril de 1990 fue lanzada la misión STS-31R Discovery. Esta misión aparentemente tiene el récord de la mayor altitud de un transbordador espacial transportando para colocar luego en órbita al telescopio espacial Hubble, y voló a una altitud de 612 km, una de las más altas logradas, cientos de kilómetros debajo de los cinturones de radiación, pero fue tan dañino que los astronautas dentro de sus trajes espaciales y cabina sellada, vieron destellos de luz con los ojos cerrados, debido a la radiación que penetró la nave, sus trajes espaciales, sus cráneos y finalmente la retina de sus ojos cerrados. Obviamente estaban comenzando a sentir el efecto de las bandas de Van Hallen a 300 km del comienzo de las mismas. ¿Qué hubiera sido de ellos si hubieran atravesado las bandas?

Informe Nasa del 18 de mayo de 1999:

La radiación espacial ha velado las películas.

La película en color realizada en una órbita alta récord a bordo del transbordador Discovery <u>fue velada por la radiación espacial</u>, pero los funcionarios dicen que la tripulación no estuvo en peligro. Discovery y su tripulación de cinco miembros se lanzaron a una órbita circular alta de 380 millas el 24 de abril al desplegar el Telescopio Espacial Hubble muy por encima de la atmósfera de la Tierra. A esa altura, más o menos el doble de a lo que los transbordadores vuelan normalmente, los astronautas están expuestos a más radiación de lo habitual de los cinturones de Van Allen, las nubes en forma de rosquilla de partículas cargadas que giran en espiral alrededor de las líneas de campo magnético entre los polos norte y sur magnéticos. Discovery voló más cerca de los cinturones que cualquier vuelo de otro transbordador anterior. Arnauld Nicogossian, director de ciencias de la vida en la sede de la NASA en Washington, dijo el viernes (18 de mayo) la tripulación del Discovery fue expuesta a la radiación durante la misión, fue "como recibir continuos rayos X en el cuerpo".

Como resultado la CNN emitió la siguiente nota periodística describiendo la "impredecible" sorpresa de NASA:" Las radiaciones que rodean la tierra pueden ser más peligrosas para los seres humanos que lo que se pensaba antes, los científicos dicen que el fenómeno conocido como Cinturones de Van Allen transportan electrones mortales, estos electrones están siendo estudiados y podrían tener un efecto en satélites como ya antes ha pasado, sino también afectar a los astronautas por la alta dosis de radiación que podría dañar su salud. Los electrones pueden atravesar diversos materiales incluyendo los trajes espaciales y las naves espaciales"

Recordemos en este punto que las misiones Apolo atravesaron dos veces ambos Cinturones de radiación Van Allen, ida y vuelta, y no se les veló ninguna película. ¿Es muy extraño verdad?

La energía generada por los cinturones se mide en mega electro voltios (MEV) El cinturón interior genera entre 100 y 400 MEV. El cinturón exterior genera entre 0,1 y 10 MEV.

200 MEV es la energía media liberada por la fisión nuclear del uranio 235 y el plutonio 239. El primer cinturón en su parte más cercana llega a tener el doble: 400 MEV. Absolutamente mortal.

Para atravesar el primer cinturón sin que cualquier elemento biológico muera sería necesaria una coraza de entre 100 cm y 140 cm. de plomo.

¿Cómo pudieron atravesar ambos cinturones los astronautas del proyecto Apolo sin, literalmente, freírse?

Por supuesto ellos no llevaban una coraza protectora de plomo en sus naves, estaban construidos con una finísima coraza de aluminio ultra liviano, ni tenían protección alguna en sus trajes espaciales, nada que haría posible detener esa enorme radiación producida por los dos cinturones y todos hubiesen literalmente muerto en el intento.

Hay otra circunstancia adicional: si vamos a las tablas de la actividad solar del año 1969 nos damos cuenta que fue muy elevada por consiguiente la radiación de los cinturones era aún mayor.

Los satélites tienen protección para sus instrumentos tanto los de baja órbita como los de alta órbita que se sitúan en el espacio vacío entre ambos cinturones, evitando la radiación lo máximo posible.

¿Cómo pudieron hacerlo en 1969 si estuvieron expuestos en el primer cinturón durante 1 hora y 20 minutos en el viaje de ida y otro tanto en el viaje de vuelta? ¿Cómo sobrevivieron a una exposición de 2 h y 40 minutos a una radiación que mata en segundos?

Como si eso fuera poco, para atravesar el segundo cinturón estuvieron expuestos durante 12 horas a la ida y otras 12 horas a su regreso.

Si en la tierra aquellos que están expuestos a radiaciones menores o similares mueren o desarrollan cáncer ¿por qué en el espacio sobreviven?

¿Cómo nos quieren convencer que las misiones apolo cruzaron ambas bandas sin consecuencias alguna? Como ven, la imposibilidad para la razón es posible para la mentira.

Es más importante que la gente adquiera una percepción mediática que una verdad de los hechos, estamos sometidos a un sistema de control, el ser humano está bajo control mediático y de percepción, percibimos una falsa realidad creada por los medios que canalizan directamente información bajada desde NASA sin analizarla racionalmente y todos las consumimos como pan fresco.

Desde mi particular punto de vista estoy convencido que ninguna misión tripulada llegó a la Luna. Alguien nos quiso mostrar en un escenario una representación que ha marcado la historia de la humanidad.

¿Porque los rusos 50 años después no llegaron a la Luna? Sin dudas ellos sabían todo esto. En la carrera espacial Rusia estuvo siempre a la cabeza, el primer satélite, el primer animal en órbita, el primer astronauta y de repente la meta más imposible la consiguen los norteamericanos, llegar a la Luna.

Los soviéticos no llegaron porque sabían que al atravesar el cinturón literalmente los astronautas se hubieran frito en el espacio. A los primeros cosmonautas rusos en órbitas altas les sucedió exactamente esto.

Incluso hoy en día se desconoce si la ciencia consiguió un sistema lo suficientemente eficaz como para atravesar con vida esas bandas radioactivas. Las recientes declaraciones del ingeniero de la Nasa Kelly Smith parecen indicar con certeza que aún no se ha logrado

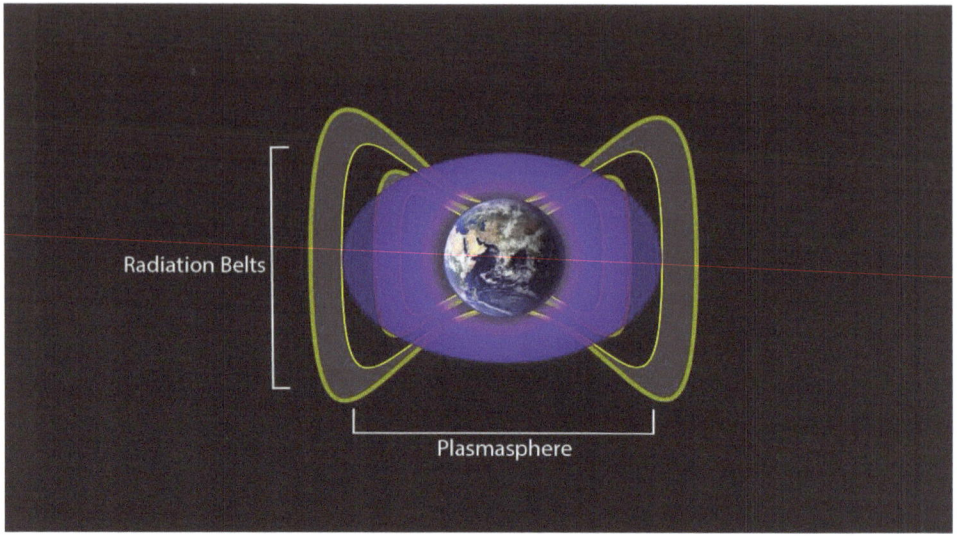

Lanzamiento de la nave Orión el 5 de diciembre de 2014

(Cuarenta y cinco años después de Apolo 11)

En estos días el ingeniero Kelly Smith explica en un video oficial de Nasa acerca de muchos de los riesgos y peligros que rodean el nuevo proyecto Orión (Misión espacial al planeta Marte). Sorprendentemente, el principal de los problemas de Kelly Smith es si su nave puede pasar con éxito a través de los peligrosos cinturones de radiación de Van Allen. Tal es el peligro potencial, de hecho, que Nasa tendrá que enviar una nave sin tripulación primero con el fin de "prueba" sobre los posibles efectos de la radiación que afectará a futuras tripulaciones humanas, así como en los sensores y equipos delicados de la nave.

Sinceramente creo que Nasa va a sancionar a este ingeniero. Solo debería utilizar la misma tecnología de las misiones Apolo entre 1969 y 1972 y problema resuelto. ¿O tal vez no?

En el mismo video Nasa admitite que todavía la nave no funcionó para proteger adecuadamente a los astronautas y a los instrumentos de la radiación emitida por los cinturones de Van Allen.

Pueden ver el video en el siguiente enlace:

https://www.youtube.com/watch?v=NIXG0REiVzE

Nota periodística Diario La Nación (Argentina) Diario El Mundo (España) del 5 de Diciembre de 2014.

Enlace a la noticia:

http://www.lanacion.com.ar/1749707-como-es-orion-la-nave-que-podria-llevarnos-a-marte

"Aunque el proyecto Orión es de la NASA, la cápsula fue construida por la empresa Lockheed Martin. No obstante, la NASA controlará de cerca que el diseño cumpla con los requerimientos especificados.

El problema de la radiación: Un buen ejemplo de esto es la protección contra la radiación incorporada en la cápsula. (1)

En su viaje, Orión dará dos vueltas alrededor del globo y alcanzará una altitud de casi 6.000 kilómetros.

La radiación es uno de los mayores peligros para los viajes a las profundidades del espacio, y se espera que los sistemas de Orión puedan lidiar con este desafío." (2)

Vamos a atravesar regiones del cinturón de radiación de Van Allen, debido a que estamos quince veces más arriba que la estación espacial ISS", le explicó a la BBC Mark Geyer, manager del programa Orión de la NASA.

La ISS no tiene que lidiar con la radiación, pero nosotros sí, y también cualquier vehículo que vaya a la Luna o Marte. Eso es un

problema muy grande para las computadoras y los astronautas".
(3)

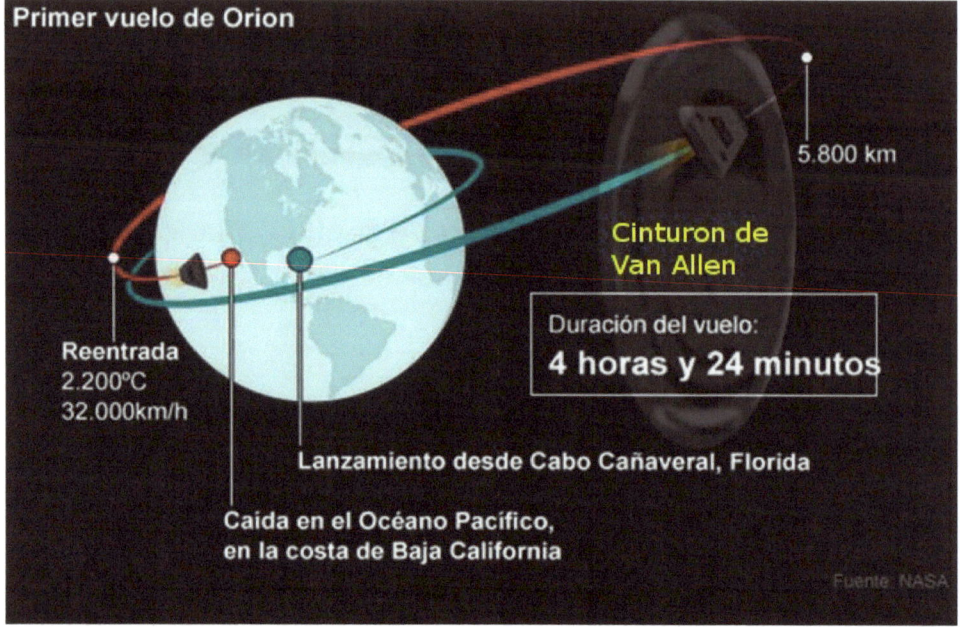

Sin los recursos económicos de la era Apolo, la NASA solo puede avanzar a paso lento.

Incluso si la cápsula ya estuviese en funcionamiento, junto con su cohete, la agencia espacial estadounidense no podría organizar una misión a otro cuerpo planetario porque la tecnología para llevar a cabo operaciones en la superficie no está desarrollada."

El primer lanzamiento con una tripulación a bordo está pensada para 2020, 2021, y luego, aunque la NASA tiene planes, no hay nada definido", le dijo a la BBC."

De estas declaraciones públicas se pueden sacar algunas conclusiones increíbles, analicemos:

a) "El problema de la radiación: Un buen ejemplo de esto es la protección contra la radiación incorporada en la cápsula." (1)

b) "La radiación es uno de los mayores peligros para los viajes a las profundidades del espacio, y se espera que los sistemas de Orión puedan lidiar con este desafío." (2)

c) "La ISS no tiene que lidiar con la radiación, pero nosotros sí, y también cualquier vehículo que vaya a la Luna o Marte. Eso es un problema muy grande para las computadoras y los astronautas". (3)

Por lógica consecuencia, definitivamente y sin ninguna duda no existía en las misiones Apolo la protección necesaria para que una entidad biológica que se adentre en esos cinturones viva para contarlo.

Este cumulo de cuestionamientos sobre cuestiones estrictamente técnicas ha sido salvado, con mayor o menor solvencia durante estos años por Nasa. Sin embargo las sospechas siguen sin poder disiparse por dos cuestiones hasta el momento no cumplimentadas que podrían poner fin a las mismas. Por un lado el contar con imágenes captadas por un telescopio lo suficientemente poderoso como para mostrar en la superficie lunar los equipos y el instrumental abandonado por las misiones y por el otro la realización de nuevas misiones tripuladas a la Luna, un objetivo muchas veces anunciado pero esquivo como un espejismo. La teoría del fraude más allá de las inconsistencias denunciadas en diversas fotografías, videos y de desafíos técnicos presuntamente insuperables, presenta para Nasa algunos problemas serios. Por un lado el éxito de lo que habría sido la conspiración de mayor alcance de la historia supone haber contado con la complicidad de la Unión Soviética en el supuesto de que ninguna de las tripulaciones hubiera abandonado nunca la órbita terrestre.

Sitio web de la Nasa - (The Van Allen Probes) – 29 de agosto de 2014

La NASA lanzó las sondas gemelas Van Allen en el verano de 2012 y dos años después del lanzamiento las sondas entregaron nuevos hallazgos.

"...demás del conocimiento científico fundamental que las sondas Van Allen están proporcionando, la misión también entrega una gran cantidad de información práctica. Algo de esto será útil para el diseño de futuras naves espaciales y su funcionamiento en los cinturones de radiación, un área del espacio que, al ser muy activo, puede causar graves daños a los sistemas de satélite y puede dañar a los astronautas. Los datos recogidos por las sondas ayudarán a guiar nuevos modelos y líneas de base para los efectos de la radiación en las naves espaciales y los sistemas..."

"...Las sondas espaciales estaban muy bien diseñadas y endurecidas específicamente para ser protegidas, tanto física como electrónicamente contra las partículas altamente cargadas", dijo Mona Kessel, científica del programa de la NASA, de las sondas Van Allen. "Estamos viendo que se están sosteniendo muy bien en este ambiente hostil, lo que dañaría y desactivar la mayor nave espacial. Estamos seguros de que las sondas serán capaces de funcionar con eficacia y entregar más gran ciencia por muchos años más...".

"...Las sondas Van Allen han sido capaces de controlar este proceso de aceleración mejor que cualquier otra nave espacial, ya que fueron diseñadas y colocadas en una órbita especial para ese propósito", dijo Mozer. "La misión ha proporcionado la primera y realmente fuerte confirmación de lo que está pasando. Esta es la primera vez que realmente podemos explicar cómo los electrones son acelerados hasta casi la velocidad de la luz...."

"...Este conocimiento ayuda con el trabajo de entender los cinturones radiactivos lo suficientemente bien como para proteger las inmediaciones naves espaciales y los astronautas."

Más claro que agua de manantial, y no lo dice este humilde recopilador de datos, lo dice la NASA en su sitio web, enlace:

http://www.nasa.gov/mission_pages/rbsp/main/index.html

También acceden simplemente escribiendo en su navegador:

"Van Allen probes nasa" (sin comillas)

Por último, y como broche de oro a todo lo manifestado anteriormente les presento el resumen de una reciente auditoría (29 de octubre de 2015) realizada por el Inspector General de la NASA, Paul K. Martin, relativa a los riesgos controlables y no controlables en viajes espaciales más allá de las bajas órbitas y en el espacio profundo (atravesando Cinturones Van Allen).

En este informe (textual y resumido) queda absolutamente claro que aún no estamos en condiciones proteger a los astronautas de la radiación en el espacio y lo que es aún peor, no lo estaremos hasta el año 2030 como mínimo.

En el informe hay una tabla con los problemas que se afrontarán, algunos pueden ser controlados, otros optimizados otros posiblemente controlados y hay uno (el último en la tabla) que está absolutamente en rojo, lo que significa INCONTROLABLE y se refiere a la exposición a la radiación en el cuerpo humano.

NASA Office of Inspector General

National Aeronautics and Space Administration

Office of Audits

NASA's Efforts to Manage Health and Human Performance Risks for Space Exploration

October 29, 2015

Report No. IG-16-003

Paul K. Martin,

NASA Inspector General

Auditoría NASA

ESFUERZOS DE LA NASA PARA GESTIONAR LA SALUD, EL DESEMPEÑO HUMANO Y LOS RIESGOS EN LA EXPLORACIÓN DEL ESPACIO

29 de octubre 2015

Administración Nacional de Aeronáutica y Espacio

(Resaltado en amarillo corresponde a conclusiones respecto a la radiación de Van Allen)

El vuelo espacial es un esfuerzo inherentemente riesgoso y la NASA ha identificado 30 riesgos para la salud y el rendimiento humanos asociados con los viajes espaciales, incluyendo salud del comportamiento y rendimiento, la alimentación inadecuada y la nutrición, la radiación espacial, la discapacidad visual y la presión intracraneal. Además, el plan actual de la NASA para enviar una misión tripulada a la superficie marciana para la década de 2030 expondrá a astronautas a peligros nuevos y mayores.

Aunque la Agencia ha desarrollado estrategias de mitigación para reducir el impacto de la mayor parte de los riesgos asociados con los viajes en la órbita baja de la Tierra, muchos de los riesgos asociados con viajes espaciales de larga duración los no se entienden completamente.

Para apreciar mejor los riesgos para la salud humana y el rendimiento asociado a los viajes espaciales, la NASA y sus socios están realizando una serie de estudios sobre la Tierra y la Estación Espacial Internacional. Además, varias oficinas de la NASA juegan un papel en el desarrollo de procedimientos, medicamentos, dispositivos y otras estrategias (contramedidas) para mitigar estos riesgos, incluyendo la Exploración Humana y Operaciones Misión Dirección (HEOMD), que proporciona liderazgo y la gestión de los programas de exploración espacial humanos de la NASA; Salud Humana y rendimiento (HHP)

En 2014, el HRP completó un programa detallado conocido como el Camino a la reducción del riesgo de que establece la tasa por el cual el Programa de espera para completar el desarrollo de contramedidas para diferentes riesgos a través de 2.028.

En esta auditoría, se examinaron los esfuerzos de la NASA para la gestión de los riesgos para la salud y el rendimiento humano que plantea la exploración en el espacio. Para determinar cómo la NASA maneja la mitigación del riesgo, revisamos el estado de salud de las personas de HRP y riesgos de rendimiento basados en la fecha prevista y el riesgo de la matriz del programa. También se revisaron las políticas federales, reglamentos y planes de la NASA.

Aunque la NASA continúa mejorando su proceso de identificación y gestión de riesgos para la salud y el rendimiento humano asociado con el vuelo espacial, creemos que dado el estado actual del conocimiento, el tiempo de mitigación de riesgos de la Agencia es optimista y la NASA no desarrollará contramedidas para muchos riesgos del espacio profundo hasta la década de 2030 como muy pronto.

Uno de los principales factores que limitan el desarrollo más oportuno de las contramedidas es la incertidumbre sobre la radiación, masa, el volumen y requisitos de peso de los vehículos espaciales profundos y hábitats. Por otra parte, aun cuando la NASA tenga conocimiento sobre sus vehículos y los hábitats y los efectos de la radiación y otras condiciones de espacio en el cuerpo humano, la Agencia podría ser incapaz de desarrollar contramedidas que reduzcan el riesgo para los viajeros del espacio profundo a un nivel acorde con las normas de la NASA para las misiones de órbita terrestre baja.

En consecuencia, los astronautas elegidos para hacer por lo menos las primeras incursiones en la profundidad del espacio pueden tener que aceptar un mayor nivel de riesgo que los que vuelan en misiones de la Estación Espacial Internacional.

También encontramos que la NASA no puede informar con precisión los verdaderos costos de desarrollar contramedidas para los riesgos identificados.

Por otra parte, la gestión de la NASA de los riesgos para la salud de la tripulación podría beneficiarse de mayores esfuerzos para integrar la experiencia de todas las disciplinas relacionadas. Mientras que muchos especialistas en ciencias de la vida tratan de utilizar la gama de conocimientos disponibles tanto dentro y fuera de la Agencia, la NASA carece de un camino claro para maximizar la experiencia y los datos tanto a la organización y a nivel de Agencia. Por ejemplo, la NASA no tiene requisitos formales para la integración de la salud humana y la investigación entre científicos expertos en la materia ni mantiene un punto de coordinación centralizada para identificar puntos de integración clave para la salud humana.

Misiones de larga duración probable que exponga las tripulaciones a riesgos para la salud humana y el rendimiento para el que la NASA ha limitado contramedidas eficaces. En consecuencia, para estas misiones de la NASA tendrá que determinar el nivel de riesgo que es aceptable y comunicar claramente las decisiones de la Agencia para los astronautas, el Congreso y el público. Por otra parte, la NASA debe continuar para examinar si su modelo de atención de la salud actual de los astronautas es suficiente para satisfacer tanto las necesidades de salud a largo plazo de la comunidad de astronautas y las necesidades de investigación de la Agencia.

El Camino a la reducción del Riesgo refleja con precisión el estado de la investigación y plazos realistas para el desarrollo de contramedidas para determinar mejor qué riesgos se mitigarán para la primera misión humana a Marte.

Deberán considerar la inclusión de expertos en ingeniería y seguridad en todos los tableros de control HHP y HRP; y aclarar las responsabilidades de desarrollo de tecnología de organización para la mitigación de riesgos sistema humano. En cuanto a la salud y cuidados del astronauta recomendamos al administrador de la NASA y de la Salud y director de medicina determinar si satisface actuales necesidades de la comunidad de astronautas y, si no, persiguen autoridad legislativa para implementar los cambios necesarios.

El vuelo espacial es un esfuerzo inherentemente riesgoso. Además de los enormes retos de ingeniería en lanzamiento y retorno de astronautas a salvo a la Tierra, los seres humanos que viven la experiencia del espacio sufren una serie de cambios fisiológicos que pueden afectar su capacidad para realizar las funciones de las misiones necesarias y, en el largo plazo, aumento del riesgo de desarrollar cáncer, la visión dañado, la resistencia ósea reducida, y daños a su salud y bienestar.

Por otra parte, a pesar de los esfuerzos de los últimos 40 años para caracterizar y estudiar los riesgos planteados por los viajes espaciales, muchos no se entienden completamente. Aunque la NASA ha desarrollado estrategias de mitigación para reducir el impacto de la mayor parte de los riesgos asociados con los viajes en la órbita baja de la Tierra, los planes de la Agencia para enviar seres humanos al espacio más profundo durante largos períodos de tiempo expondrán a los astronautas a riesgos nuevos y mayores.

Para comprender mejor los riesgos para la salud humana y el rendimiento asociado a los viajes espaciales, la NASA y sus socios están realizando una serie de estudios sobre la Tierra y la Estación Espacial Internacional (ISS).

Por ejemplo, en marzo de 2015, la NASA lanzó el astronauta de Scott Kelly en la primera misión de un año a la ISS. NASA comparará los datos de salud tomadas de Scott Kelly con la de su hermano gemelo y ex astronauta Mark Kelly, con la esperanza de avanzar en el conocimiento sobre los efectos en el cuerpo humano de larga morada en el espacio.

En esta auditoría, se examinaron los esfuerzos de la NASA para la gestión de los riesgos para la salud y el rendimiento humano que plantea la exploración del espacio.

El camino a Marte

Objetivo: La exploración espacial de la NASA, es llevar a cabo una misión tripulada a la superficie de Marte por la década de 2030.

Dada la dificultad de semejante viaje, la NASA ha indicado que tomará un camino flexible para Marte que evoluciona basado en las lecciones aprendidas de las misiones anteriores y actuales. La Ley de Autorización de la NASA de 2010 respalda este enfoque como un método incremental progresivamente viajar, vivir y trabajar en el espacio profundo y capacidades de desarrollo que permitan a los componentes del sistema de espacio que se utilizará para múltiples y misiones variadas.

En este sentido, la NASA planea probar nuevos sistemas y tecnologías en órbita lunar antes de viajar a asteroides cercanos a la Tierra y más allá.

Para 2027, la NASA espera establecer un programa formal para Marte y comenzar vuelos humanos al planeta a mediados de la siguiente década.

Traslado de la frontera espacial desde la órbita baja de la Tierra al espacio lejano será una empresa importante. Por perspectiva, la órbita baja de la Tierra es el área que se extiende aproximadamente 200 a 1.200 millas de la superficie de la Tierra, mientras que la Luna está a 237.000 millas de distancia.

Por el contrario, Marte está a casi 34 millones de millas de la Tierra, y de ida y vuelta al planeta es probable que demoren 3 años a través de las duras condiciones del espacio profundo, siendo imposible hacer reabastecimiento y rápido regreso a la Tierra en caso de emergencia.

(1)Es probable que se presenten riesgos que aún no han sido identificados (riesgos desconocidos). (2)Como mitigar muchos de los riesgos conocidos aún no se han desarrollado y (3) los seres humanos no serán capaces de comunicarse con la Tierra en tiempo real o de regresar a la Tierra rápidamente en caso de emergencia.

Los peligros de los viajes al espacio profundo incluyen:

Recursos limitados. Almacenamiento, potencia, peso y limitaciones en la artesanía en la que los seres humanos viajar y vivir en el espacio profundo afectará la cantidad y tipo de alimentos, suministros médicos, el ejercicio equipo y otros recursos disponibles.

Aislamiento. Debido a que las tripulaciones viajarán millones de millas y muchos meses de viaje desde la Tierra, deben estar preparados para hacer frente a una variedad de situaciones médicas que van desde cortes menores a catastróficas lesiones. Además, el aislamiento de la Tierra puede causar problemas psicológicos y de comportamiento para miembros de la tripulación que podrían afectar su bienestar y el rendimiento. Por último, las entregas periódicas de suministros disponibles a las tripulaciones que viven en la ISS no será una opción en el espacio profundo.

Encierro. El diseño cerrado de naves espaciales tendrá un sistema de soporte de vida cerrado, cuartos de trabajo y de vida en hacinamiento. La ISS tiene 425 metros cúbicos de área habitable, más que una casa de 3 dormitorios convencional. En contraste, la cápsula tripulada Orión de la NASA para utilizar por lo menos durante las primeras incursiones más allá de la órbita baja de la Tierra tiene 9 metros cúbicos de área habitable.

Gravedad alterada. La experiencia de ingravidez prolongada en el espacio hace que los astronautas sufran una serie de cambios físicos y fisiológicos. Por ejemplo, los astronautas experimentan rutinariamente la función alterada del oído interno, así como la pérdida de la densidad ósea y la fuerza muscular. La sangre y otros fluidos corporales se mueven desde las piernas y las extremidades inferiores a las partes superiores del cuerpo.

La radiación espacial. La radiación del espacio profundo es significativamente diferente de la radiación encontrada en la Tierra, y no se sabe cómo el cuerpo humano responderá a una exposición prolongada. En la Tierra y en una órbita baja, en menor medida, estamos protegidos por los cinturones de Van Allen y por el campo magnético de la Tierra que protege el planeta y sus habitantes. Misiones que viajan más allá de la órbita baja de la Tierra no gozan de la protección de los cinturones.

La NASA ha identificado 30 riesgos para la salud y el rendimiento humano que emana de estos peligros primarios. Además, la Agencia ha identificado otros 2 temas que aún no ha aceptado como riesgos y por lo tanto las etiquetas de preocupaciones.

Para obtener información detallada sobre cada uno de los riesgos, consulte la siguiente tabla:

Los riesgos que se pueden mitigar más allá de lo que las normas requieren se les conocen como "optimizados". Los riesgos que pueden ser mitigados para cumplir las normas son

Los riesgos para los cuales algunas contramedidas validadas "controlada" y, por tanto, "aceptable".

Pero cuando se requiere la mitigación adicional para cumplir con los estándares "parcialmente controlados" y, por tanto "Inaceptable".

Por último, los riesgos que carecen de cualquier contramedida validados son "incontrolados" y, por tanto también "inaceptables."

Figure 3: HRP Path to Risk Reduction for a Planetary Mission

Source: HSRB, June 2015, PRR Revision C.

Los siguientes riesgos no entran en competencia de HRP: (1) Espacio Adaptación dolor de espalda, (2) Retención urinaria, (3) la exposición tóxica, (4) Pérdida de la audición relacionados con Vuelos Espaciales, (5) aguda y crónica exposición a Dióxido de carbono, (6) Lesiones por exposición al sol y (7) una descarga eléctrica.

RETOS RETRASO DE INVESTIGACIÓN Y DE IMPACTO

DESARROLLO DE ESTRATEGIAS DE MITIGACIÓN

Aunque la NASA continúa mejorando su proceso de identificación de los riesgos de desempeño asociados a los vuelos espaciales y gestión de la salud humana, creen que, dado el estado actual del conocimiento para mitigar sus riesgos principales es optimista y la Agencia no desarrollará contramedidas

Entre los muchos riesgos en el espacio profundo hasta la década de 2030, (como muy pronto). Uno de los principales factores limitantes más oportuno es el desarrollo de contramedidas es la incertidumbre acerca de los requisitos de masa, volumen y peso de los vehículos espaciales y hábitats - en esencia, la NASA está tratando de desarrollar contramedidas para un entorno que todavía no entiende completamente. Por otra parte, aun cuando la NASA gana conocimiento adicional acerca de esos vehículos y los hábitats y los efectos de la radiación y otras condiciones de espacio en el cuerpo del ser humano, la Agencia puede ser incapaz de desarrollar contramedidas que reduzcan el riesgo para el espacio profundo a los viajeros a un nivel acorde con las normas de la Agencia para las misiones de órbita terrestre baja. Por consiguiente, los astronautas elegidos para hacer por lo menos las primeras incursiones en el espacio profundo pueden tener que aceptar un mayor nivel de riesgo que los que vuelan misiones de la ISS.

También se encontró que la NASA no podía informar con precisión los costes reales de desarrollar contramedidas para los riesgos identificados.

La pérdida de sueño puede conducir a la hipertensión, la diabetes, la obesidad, ataques al corazón, derrames cerebrales y trastornos psiquiátricos tal como puede ocurrir la depresión o la ansiedad severa. Aunque los conflictos entre los miembros de la tripulación han sido relativamente poco frecuentes durante las misiones de la ISS, estos problemas pueden asumir más importancia con el tiempo de duración de las misiones y estando en espacios confinados más cerca.

Varias de las contramedidas NASA que utiliza para combatir estos riesgos en las misiones de la ISS, como comunicaciones en tiempo real con el control de la misión y el cuidado de los paquetes de los miembros de la familia no estarán disponibles durante una misión a Marte. A diferencia de la ISS, no habrá misiones de reabastecimiento regulares. En un viaje de Marte las comunicaciones entre la Tierra y Marte podrían tardar hasta 44 minutos de ida y vuelta. Por otra parte, el sueño y medicamentos pueden ser necesarios durante el vuelo, y las posibles interacciones entre estos y otros medicamentos necesarios para mitigar otros riesgos espacio profundo aún no se han determinado.

NASA aún no ha desarrollado una estrategia validada para la superación de los riesgos nutricionales para una misión planetaria con una duración de hasta 3 años. Para la ISS, la NASA sostiene tripulaciones con alimentos pre envasados complementado con alimentos frescos, un sistema de este tipo no serán suficientes para satisfacer las necesidades nutricionales de astronautas. Primero el tiempo de conservación actual de los alimentos pre envasados es de sólo 1,5 años y varios nutrientes claves en muchos alimentos comienzan a degradarse aún más temprano. En segundo lugar, debido a que cualquier vehículo que viaje a Marte probablemente será significativamente menor que el ISS, masa, volumen de desechos, y la eliminación de los problemas asociados con el envasado de alimentos actual debe ser dirigido.

Finalmente, los científicos no saben cómo la radiación en el espacio profundo puede afectar la calidad y el valor nutricional de los alimentos.

La NASA está investigando contramedidas para estos riesgos, incluyendo el cultivo de alimentos en el vehículo durante el la misión y almacenamiento alternativa tales como el procesamiento de los alimentos a temperaturas inferiores para preservar los nutrientes y aumentar la vida útil.

Exposición a la radiación en el espacio

La radiación en el espacio proviene de una variedad de fuentes, incluyendo eventos de partículas solares, rayos cósmicos y galácticos es significativamente diferente de los tipos de radiación encontrados en la Tierra (por ejemplo, los rayos gamma (radiografías) que tienen menor energía y causan menos daño en el cuerpo humano. En consecuencia, existen muchas incertidumbres respecto a cómo el cuerpo humano responde a la exposición a la radiación espacial.

Además de la enfermedad por radiación y el cáncer, otros posibles efectos incluyen daños en el sistema nervioso central, cataratas, daño cardiovascular, efectos hereditarios, problemas de cicatrización de la herida, y la infertilidad. HRP de Elemento de Radiación Espacial cubre cuatro riesgos específicos: (1) el cáncer, (2) los cambios en el sistema nervioso central, (3) las enfermedades degenerativas del tejido, y (4) el síndrome de radiación aguda (por ejemplo, náuseas, vómitos y fatiga).

Algunos de estos son riesgos inmediatos plazo que pueden afectar al rendimiento de la tripulación y el éxito de una misión, mientras que otros son problemas a largo plazo que afectan a la duración y la calidad de vida de los miembros de la tripulación.

Los límites normales de radiación actuales recibidas por astronautas de la NASA incluyen un porcentaje de riesgo de exposición inducida significan riesgo de muerte por cáncer.

Esto significa que sobre 100 astronautas expuestos a los límites superiores de los límites de radiación, 3 morirían de cáncer atribuible a la exposición. Investigación de la NASA estima que la esperanza para los astronautas con cáncer inducido por radiación se reduciría en un promedio de 12 a 16 años. Como parte de su estrategia de mitigación, la NASA actualmente establece los límites de exposición a corto plazo para reducir al mínimo, eso podría afectar la capacidad de un equipo para completar una misión.

Contramedidas de radiación para las misiones de la ISS son de carácter preventivo e incluyen blindaje y el corto tiempo de las misiones, y el modelado predictivo que calcula picos en los niveles de radiación. Aunque es similar, las contramedidas que podrían utilizarse para misiones planetarias, pueden no ser tan eficaces en el espacio profundo en un entorno de radiación extrema. Por ejemplo, los expertos generalmente están de acuerdo que un blindaje por sí solo no será suficiente para minimizar la exposición a los rayos cósmicos galácticos y necesitará contramedidas biológicas y farmacológicas.

Sobre la base de los conocimientos actuales, los astronautas en una misión a Marte excederían los límites de dosis de radiación aceptable por la NASA aunque la Agencia tiene previsto continuar los esfuerzos para desarrollar contramedidas para hacer frente a el riesgo de radiación, la NASA es probable que busquen una excepción a las normas vigentes para aquello que no pueden mitigar totalmente.

En el año fiscal 2014, el HRP ha financiado 55 tareas de investigación para ayudar a cerrar las brechas de conocimiento de la exposición a la radiación en el espacio

Aunque la investigación HRP ha centrado principalmente en el riesgo de cáncer de cerebro, el grupo tiene previsto aumentar su enfoque en las enfermedades degenerativas del tejido, un área con la que la NASA está menos familiarizada.

Recientemente recibió fondos para actualizar una instalación conocida como la Galáctica Cosmic Ray Simulator para simular la intensa radiación que existe en el espacio, eso sería estimar los efectos de la radiación sobre el sistema cardiovascular humano sin exponer a sujetos de prueba humanos a la radiación.

El riesgo de la radiación espacial permanecerá sin controlar para una misión planetaria pasado el año 2027 debido al limitado conocimiento sobre los efectos degenerativos y la necesidad de desarrollar y validar contramedidas para los riesgos posteriores a la misión.

Sin embargo, la NASA tiene contramedidas para la radiación en vuelo de misiones de órbita terrestre baja.

Discapacidad visual y presión intracraneal. Cambios en la visión durante los vuelos espaciales se han documentado a través de las pruebas médicas, la investigación e informes anecdóticos de los astronautas durante los últimos 40 años. Basado en datos de 300 cuestionarios después del vuelo, aproximadamente el 29 por ciento de corta duración y el 60 por ciento de misiones de larga duración. Los astronautas reportaron un deterioro en la visión y la investigación ha demostrado que cambios en la visión pueden ocurrir después de 2 semanas a bordo de la ISS. En 2010, la NASA identificó formalmente VIIP como un riesgo para la salud relacionada con el espacio.

NASA cree que el entorno de micro gravedad del espacio conduce a un cambio en los fluidos corporales que crea presión intracraneal y que otros factores, tales como ejercicios de resistencia, la dieta, medicamentos, y la radiación puede contribuir a VIIP. El cambio en los líquidos también se piensa para dar lugar a cambios en la visión y la anatomía del ojo.

Retos inherentes

Predecir cuándo las lagunas de conocimiento serán cerradas y las contramedidas validadas por los muchos riesgos asociados a los viajes espaciales es de por sí complejo. En primer lugar, a pesar de casi 50 años de historia del ser humano en el espacio, los científicos no entienden completamente muchas cuestiones y hay muchas incógnitas, particularmente sobre extensivos viajes humanos en el espacio profundo. En segundo lugar, es difícil predecir el ritmo de avances en la investigación y retrocesos. En tercer lugar, como fue el caso con VIIP, los científicos pueden identificar previamente riesgos desconocidos, añadiendo a la agenda de investigación. Por último, como los científicos aprenden más sobre los diversos riesgos, algunos riesgos crecen en importancia. Por ejemplo, el cáncer por exposición se cree que es el riesgo más significativo asociado con exposición a la radiación, pero la investigación ha demostrado que los efectos sobre el sistema nervioso central tales como habilidades y convulsiones motoras con discapacidad también pueden ser una preocupación importante.

Sobre la base de esta investigación, los riesgos por radiación espacial tardarán más en entenderse en un adicional de 6 años y en consecuencia, la fecha de validación se ha extendido desde el año 2027 al año fiscal 2033.

Los riesgos no existen independientemente unos de otros, lo que hace a la investigación más difícil y menos previsible. En su informe anual del año 2014, el HRP señaló que los riesgos se estudian generalmente de una forma segregada, un sistema a la vez, haciendo caso omiso de las fuertes conexiones entre ellos.

Aunque la OIM y paneles de revisión han sido observadas entre los riesgos, HRP no ha desarrollado un enfoque sistemático para identificar e investigar estas relaciones.

Además, muchas de las tecnologías clave necesarias para el vuelo espacial humano a Marte aún no han sido desarrolladas. Por ejemplo, en 2012, las Academias Nacionales de Ciencias señaló la necesidad de nueva tecnología de propulsión y un mejor diseño de hábitats. Del mismo modo, la NASA ha señalado que una manera de mitigar los riesgos asociados con radiación, gravedad reducida y otras condiciones que los astronautas experimentarán durante la

larga duración es el desarrollo de sistemas de propulsión que reducirían los tiempos de tránsito.

La tecnología de la NASA, desarrollo y diseño indicaron que la cápsula Orión actualmente en desarrollo no es adecuada por sí misma para las misiones de larga duración.

Varios investigadores entrevistados señalaron la dificultad en la realización de investigaciones para mitigar los riesgos asociados con una misión para la que no hay ninguna nave espacial que reúna los requisitos.

Aunque NASA espera una nave espacial capaz de tránsito a Marte tendrá menos masa y el volumen que los vehículos actuales, el vehículo de parámetros generales siguen siendo desconocidos. En consecuencia, no está claro cuánta masa, volumen o peso serán disponibles para dar cabida a las contramedidas potenciales, tales como el desarrollo de métodos para el suministro de alimentos a una tripulación de hasta 5 años sin reabastecimiento. (Continúa…)

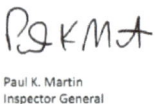

Paul K. Martin
Inspector General

NASA Office of Inspector General
Office of Audits

RESULTS IN BRIEF

NASA's Efforts to Manage Health and Human Performance Risks for Space Exploration

October 29, 2015

IG-16-003 (A-14-011-00)

La Luna significa tragedia

La tragedia siguió al éxito, sin embargo, tanto para la Unión Soviética y los Estados Unidos. El 27 de enero de 1967, la cabina de mando de Apolo 1 se incendió durante la cuenta regresiva. Los astronautas de Estados Unidos Edward White II, Virgil "Gus" Grissom, y Roger Chaffee murieron en el incendio. Ese mismo año, el cosmonauta soviético Vladimir Komarov murió cuando su nave espacial, Soyuz 1, se estrelló al reingresar.

Los muchos defectos que habían provocado el fuego de Apolo 1 significaban que era necesaria una reforma de diseño completo. Mucha gente en la NASA consideró que reconstruir todo antes de la fecha límite del fin de la década de los 60 resultaría inviable.

Cuando la NASA finalmente se dio cuenta de que no tenían la tecnología para llevar los hombres a salvo a la Luna a finales de la década de 1960, recurrieron a falsificar los aterrizajes lunares. Esto aseguró que iban a anotar un golpe de propaganda contra los soviéticos y mantener los dólares rodando para la financiación de sus proyectos espaciales reales.

Cosmonautas fantasmas

Se llama cosmonautas fantasmas a los astronautas que han viajado al espacio exterior y fallecido en acto de servicio, pero cuya existencia nunca ha sido admitida oficialmente.

Alekséi Belokoniov

En marzo de 1965 el periódico italiano Corriere de la Sera publicó unas supuestas intercepciones radiofónicas de noviembre de 1962, en las que se oía cómo un cosmonauta soviético (supuestamente Belokoniov) emitía un desesperado mensaje que nadie en tierra parecía escuchar.

The Voise Of Russia: El 10 de noviembre de 1960 el cosmonauta ruso Belokonev informa desde órbita: "*Veo por el ojo de buey extrañas partículas luminosas*". *¿Qué? ¿Radiación? No pensaba en esto. ¿Es peligrosa*? Pasado un día más, desde el espacio se dejó oír una voz inquieta de Belokonev: "*No les oigo. Las baterías no funcionan, estoy a oscuras. Los aparatos fallan. ¡Oxígeno! ¡Camaradas!*". El habla del cosmonauta se volvió ininteligible y a poco se dejó de percibir. Nunca más hemos oído nada del valiente y desafortunado Belokonev. ¿Y cuántos más había habido como él?

Estas pequeñas partículas radioactivas que orbitan a la Tierra, también fueron vistas por John H. Glenn Jr., primer astronauta estadounidense que entró a la órbita terrestre y son coincidentes con los tripulantes del transbordador Discovery que colocó en órbita al telescopio espacial Hubble batiendo un record de altitud.

Según datos obtenidos, se estima que son 14 los cosmonautas rusos que han desaparecido así, unos tras otros, pudiendo mencionar a: Tarentity Shiborin, perdido en 1959; Piort Dolgev, perdido en 1960; Vassilievich Zavadovsky, perdido en 1961; Gennady Mihailov y Alexei Belokonev, y de los restantes solo se tienen las grabaciones captadas por las estaciones de radio sin los nombres y que los rusos jamás comunicaron.

Ahora bien, ¿cuáles fueron las causas de tanta desaparición? ¿Acaso fallas mecánicas de los primeros ingenios que mandaba el hombre para internarse en el espacio exterior? Lo único cierto y una contundente realidad es que los rusos fueron los primeros en enfrentar el gran reto de mandar cápsulas con tripulación en órbita de la Tierra. Pero… ¿qué sucedió allá arriba? En esa época se desconocía la existencia mortal de los Cinturones Van Allen y al colocar a sus astronautas en órbitas demasiado altas la consecuencia fue fatal para sus tripulaciones y ese fue precisamente el motivo por el que la URSS no volvió a intentar nunca jamás enviar naves tripuladas en órbitas altas o atravesar los Cinturones Van Allen con destino a la Luna.

Si hay algo que los servicios secretos rusos hicieron muy bien siempre, es el ocultamiento de datos y evidencias.

No es posible certificar cada una de las informaciones precedentes, la antigua URSS solo reconocía públicamente los éxitos y por supuesto ningún fracaso.

No tenemos que olvidar que estaba en pleno apogeo la "Guerra Fría" y ambos bandos solo daban a conocer las misiones exitosas, las demás simplemente <u>nunca existieron oficialmente</u>.

Foto en apariencia graciosa pero era la promesa que debían cumplir los tripulantes de las misiones Apolo. NO HABLAR, NO VER, NO ESCUCHAR.

La Alianza espacial Americano – Soviética y el silencio de la URSS

En junio de 1967, en Glassboro (Estados Unidos), en una mini cumbre se reunieron Lyndon Johnson y el premier soviético Aleksei Kosygin. En junio de 1972 Richard Nixon viajó a Moscú para reunirse con el presidente Leonid Brezhnev. Y, en junio de 1973, Brezhnev le devolvió la visita a Nixon en Washington.

Los mismos presidentes se volvieron a encontrar, entre junio y julio de 1974, en Moscú. Unos meses más tarde, en el mismo año, en Vladivostok, Brezhnev cambió de interlocutor, el turno correspondió al entonces presidente de Estados Unidos Gerald

Ford. Entre julio y agosto de 1975 Brezhnev y Ford se reunieron nuevamente, en Helsinki, en el ámbito de la conferencia paneuropea, y en junio de 1979 Jimmy Carter dialogó con Brezhnev en Viena.

Lo más destacado es la conversación que tuvo lugar en Rusia, en la ciudad de Yalta, al sur de Ucrania, entre Richard Nixon y Leonid Brezhnev el 16 de junio de 1972.

Discutieron una propuesta de pacto de defensa mutua, distensión y los vehículos de reentrada múltiple dirigidos independientemente conocidos por la sigla en inglés MIRVs (A múltiple independently targetable reentry vehicle).

Por supuesto, uno de los motivos más importantes era la búsqueda de una solución pacífica para el conflicto en Vietnam.

Nixon había aproximado a Mao Tse Tung (Mao Zedong) previamente, para lograr unificar una política preventiva para evitar un escalamiento en la Guerra de Vietnam que podría desencadenar en una guerra nuclear entre las potencias involucradas.

En una entrevista se le preguntó a Nixon sobre la relación que tenía este viaje a Rusia con el de China; contestó que no había relación alguna, excepto que las dos misiones eran en busca de mejorar las relaciones exteriores. Sostuvo que este viaje es para discutir problemas que involucran únicamente a Estados Unidos y a la Unión Soviética y posiblemente afectarían a todo el mundo (en caso de guerra nuclear), por ese motivo, Nixon siempre en sus discursos aclara: los motivos son la paz de nuestra nación, y la paz mundial.

Como las reglas de la política se los exigía, los estadounidenses debían retirarse lo más rápido que pudieran de Vietnam para que la opinión pública este a favor de ellos, pero lo suficientemente lento, como para que los gobernantes de Hanoi tuvieran incentivo para negociar.

Con el nuevo año se reanudaron las conversaciones secretas en París, por lo que el presidente Nixon ordenó detener los ataques aéreos sobre Vietnam del Norte. Tras seis días de negociaciones, el 23 de enero de 1973 Nixon anunció por televisión a todo el país que se había alcanzado finalmente un acuerdo para el alto el fuego.

En ese acto explicó a la sociedad las condiciones para el acuerdo:

En los 60 días siguientes al acuerdo: todos los prisioneros estadounidenses y vietnamitas deberían ser liberados.

En ese mismo lapso, las tropas estadounidenses deben retirarse de Vietnam del Sur y Estados Unidos debería destinar siete mil millones de dólares para la reconstrucción de Vietnam del Sur. Vietnam (Sur y Norte) terminará su conflicto interno sin intervención del exterior.

Mientras tanto el escándalo Watergate envolvía al presidente Richard Nixon, éste recibió una carta secreta de apoyo moral del líder soviético Leonid Brezhnev, según los nuevos documentos difundidos por el Departamento de Estado, donde le decía que "no se resquebraje ante la presión".

Al principio, Moscú prestó escasa atención a Watergate, pero a medida que el escándalo en torno al allanamiento de las oficinas del Partido Demócrata quedó centrado en el presidente, el Politburó temió que pudieran salir a la luz algunos secretos que perjudicaría a los dos países.

Nixon se reunió a mediados de 1974 con Brezhnev en Moscú, pero sus días en la Casa Blanca estaban contados: dimitió en agosto.

Los secretos:

En aquella reunión de 1972 entre Nixon y Brezhnev no solo se trataron temas militares, sino que evidentemente hubo una agenda oculta de cooperación espacial a cambio de silencio que comenzaría con la misión Soyuz- Apolo en julio de 1975.

Lo que no se dijo es que la URSS tenía la suficiente tecnología para saber a ciencia cierta si verdaderamente los norteamericanos habían puesto un hombre en la Luna o si todo aquello había sido una burda mentira y los astronautas del Apolo solo habían estado a 200 millas en órbita de la tierra.

 A la Unión Soviética los Cinturones radioactivos Van Allen les había costado la vida de muchos astronautas y sabían muy bien que eran infranqueables. Como usaron esos conocimientos para extorsionar a los norteamericanos no se sabe, pero me atrevo a pensar que amenazaron con decirlo a la humanidad o callar para siempre a cambio de tecnología americana y la rendición en Vietnam, creando vínculos técnicos entre la Agencia Espacial Federal Rusa y la Nasa que perduran hasta nuestros días.

Observen con atención los logos de las agencias espaciales Roscosmos y Nasa. ¿Casualidad?

Para demostrar que no es coincidencia vean también los logos de las agencias espaciales de India y China que luego se unieron a la cooperación espacial.

Todas tienen un vector apuntando hacia arriba.

Todos tienen poderío nuclear.

Misión espacial conjunta Soyuz Apolo

Un apretón de manos en los cielos a más de 200 kilómetros sobre el suelo europeo, astronautas norteamericanos y cosmonautas soviéticos, en un épico momento, se saludaron efusivamente ante la mayor audiencia de la historia que miraba alucinada la imagen capturada para la posteridad por las cámaras de televisión.

El comunicado: *"El encuentro fue la culminación de más de dos años de intensa preparación técnica por parte de ambos equipos, y de no menos vigorosa actividad diplomática, iniciada en conversaciones informales entre el Presidente John F. Kennedy y el Premier Nikita Kruschev en Viena, en 1962, y concluidas con el acuerdo firmado en Moscú, diez años más tarde, por el Presidente Richard Nixon y el Secretario General del PC de la URSS Leonid Brezhnev".*

En realidad la significación del proyecto Apolo-Soyuz fue mucho más política que científica. La misión no supuso ningún ejercicio nuevo, ni la realización de maniobras no efectuadas rutinariamente por los vehículos espaciales de los dos países. Mas, el acoplamiento sideral sí representó, en cambio, el aproximamiento de las dos potencias de nuestros días, rivales no sólo en la "guerra fría", sino también en la carrera espacial. El saludo en ruso del comandante americano, respondido en inglés por el capitán soviético, fue símbolo dramático de la política de "detente" suscrita por la Casa Blanca y el Kremlin.

Ambos jefes de Estado pusieron de realce el carácter simbólico de la apertura de la compuerta en el módulo de amarre, que sentaba un precedente para la cooperación espacial ruso-americana.

Neil Armstrong:

"La carrera espacial proporcionó un mecanismo de cooperación entre adversarios. En ese sentido entre otros, fue una inversión nacional excepcional", afirmó Armstrong, quien también señaló su importancia en un contexto político. *"No aseguraré que fue una distracción que evitó la guerra, pero fue una gran distracción".*

2 - Computadoras

Las computadoras a bordo de las naves Apolo

Esta es la descripción de las computadoras:

El Computador de Navegación del Apolo ó Apollo Guidance Computer (AGC) era un elemento fundamental del programa Apolo. Su papel en el programa espacial fue proporcionar la capacidad de cálculo necesaria para controlar la orientación, y la navegación del módulo de mando (CM, de Command Module) y del módulo lunar (LM, de Lunar Module). Este ordenador destaca por haber sido uno de los primeros computadores basados en CIs.

El AGC y su interfaz DSKY se desarrollaron a principios de los años 60 por el MIT Instrumentation Laboratory para el programa Apolo.

El computador tenía 2048 palabras de memoria de núcleos magnéticos borrable y 36 k de memoria de núcleos cableados de solo lectura. Ambas tenían un ciclo de 11,72 micro segundos. La longitud de la palabra de memoria era de 16 bits: 15 bits de datos y 1 bit de paridad impar. El formato de palabra de la CPU de 16 bits eran 14 bits de datos, 1 bit de overflow y 1 bit de signo.

La multitarea no funcionaba igual que ahora. El software, llamado "Luminary" consistía en varios subprogramas que corrían según prioridad - es decir, se turnaban para ejecutarse de acuerdo a la importancia que tuvieran. Cada programa movería los datos al área de memoria borrable (de 2 k) y luego los retiraría. El mayor problema para los ingenieros era que los programas no se borraran ni se sobrescribieran con datos de otro programa por ejecutarse en el momento inadecuado.

Si muchas tareas requerían al computador al mismo tiempo, el sistema las demoraría, o simplemente interrumpiría lo que estaba haciendo en ese momento, lanzaría una alarma, y luego se reiniciaría.

Mientras el AGC era el que guiaba a los astronautas en la nave, en la Tierra la NASA trabajó con enormes mainframes de IBM "360 Model 75" para las comunicaciones con la nave y los cálculos requeridos para lanzar al módulo lunar fuera de la superficie de la Luna y enviarlo de regreso a la Tierra.

Lo curioso del caso es que la memoria del AGC no estaba formada por microchips como en los ordenadores modernos, ni discos rígidos, sino por varios metros de cable de cobre tejidos alrededor de pequeñas bobinas (rope memory). Si el cable pasaba por fuera de la bobina, entonces representaba un "0". Si atravesaba el centro, equivalía a un "1".

Las computadoras de las naves Apolo eran unas 10.000 veces menos potentes que un celular moderno. Cada una estaba en una caja de 30 centímetros cúbicos, pesaba 25 kilos, y dentro había 5600 circuitos integrados con 64 KB de ROM (donde se guardaba el sistema operativo) y 8 KB de RAM, que la computadora usaba para sus cálculos. Una PC común hoy tiene 1 millón de KB de RAM. La mitad de la caja se la llevaban las conexiones entre los componentes.

Mandar un hombre a la Luna sigue siendo un desafío en la actualidad, pero lo era aún más en los años 60. El número de variables y parámetros a tener en cuenta en una misión de alunizaje son apabullantes. Simplemente, era imposible que una tripulación pudiese calcularlos con esos equipos primitivos. Un error de unas décimas de segundo en el encendido de un motor podía significar la diferencia entre estrellarse contra la superficie lunar o regresar a casa como héroes. Aunque muchos de los cálculos se podían llevar a cabo en Tierra usando los datos de la telemetría de la nave y el seguimiento por radar del vehículo, la NASA decidió desde un principio que el Apolo debía ser capaz de navegar en el espacio de forma autónoma. Estaba claro que había que desarrollar un ordenador de a bordo, pero los desafíos eran enormes. Por aquella época, la palabra "ordenador" era sinónimo de "gigantesca máquina que ocupa una habitación entera".

Fotos y Videos

Las fotos y películas de las misiones Apolo fueron tomadas en un estudio cinematográfico con un telón de fondo y fueron iluminadas en varios ángulos.

No todo luce diáfano en torno al programa Apolo. En febrero de 2004 el reconocimiento por parte de NASA del extravió de los videos originales de tres horas de grabación correspondientes al alunizaje de Apolo 11, (de exhibición restringida incluso dentro de Nasa), pone a esta en una situación muy embarazosa. La exhibición de este material que se suponía archivado y custodiado como patrimonio de la humanidad prometía convertirse por la supuesta calidad de sus imágenes, superiores a todo lo conocido hasta el momento sobre la misión debido a que aquellas imágenes televisivas borrosas de 1969 fueron tomadas por una cámara de un proyector, convirtiéndose en imágenes de pésima calidad comparadas con los supuestos originales ahora extrañamente "extraviados".

Obviamente se sospecha que también podría haberse convertido en una nueva fuente de polémicas; de allí su desaparición. Además de la radioactividad de los cinturones Van Allen las cuestiones más polémicas están relacionadas con las imágenes tomadas "supuestamente" en la superficie lunar y que con el correr de los años siguen siendo examinadas en detalle por técnicos que sugieren que han sido recreadas en otros escenarios y de las que hay mucho material pero solo analizaremos las más relevantes.

3 – Sombras

Sombras divergentes producto de varias fuentes de luz artificiales

4 – Cráter y polvo lunar

Módulo de alunizaje sin cráter ni señales de calor producido por los retro cohetes en su alunizaje

Pata del módulo lunar sin nada de polvo. Foto NASA AS11-40-5926

22 de diciembre de 2015, el cohete Falcon 9 logra aterrizar en posición vertical activando sus retro cohetes. Observen las llamas y el polvo levantado.

5 - Prácticas

Extrañas prácticas en NASA

Cuerdas elástica en una grúa para simular la menor gravedad de la Luna

Telón de fondo negro (¿practicando el fraude en las fotos?

Foto Nasa S69-32247 y S69-32246

Practicando otra escenografía con telón negro, iluminación y el módulo lunar de fondo

Foto Nasa S69-32245

6- La roca "C"

La roca "C"

Apolo 15. El astronauta de espaldas es John Young, reajustando una antena junto al Vehículo de exploración lunar. Si observa con detalle se dará cuenta que el Vehículo hizo un giro de 90 grados en forma recta. Da la impresión de que fue movido y puesto en ese lugar. En la roca que se observa, está impresa la letra C, parece que alguien se olvidó de esconder la marca del orden en que debían estar las piedras.

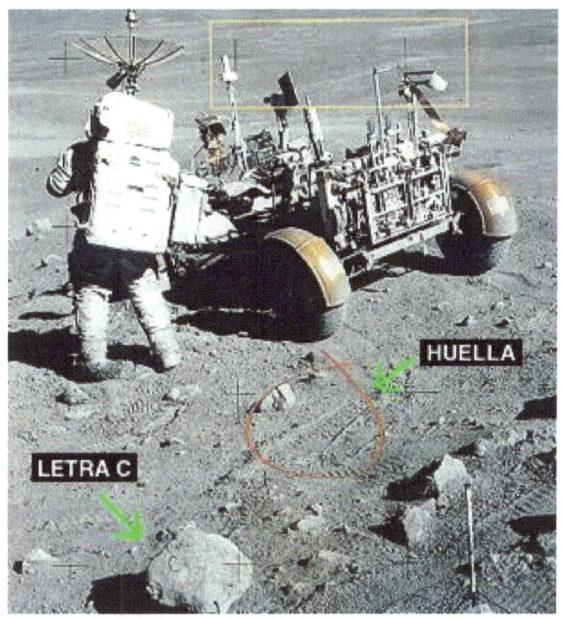

7 – Botas espaciales

Las botas que usaron los astronautas en la Luna no coinciden con las que calzaban en el despegue.

Traje espacial de Neil Armstrong siendo restaurado en el museo Smithsoniano.

¿Notan algo extraño en las botas de Neil Armstrong?

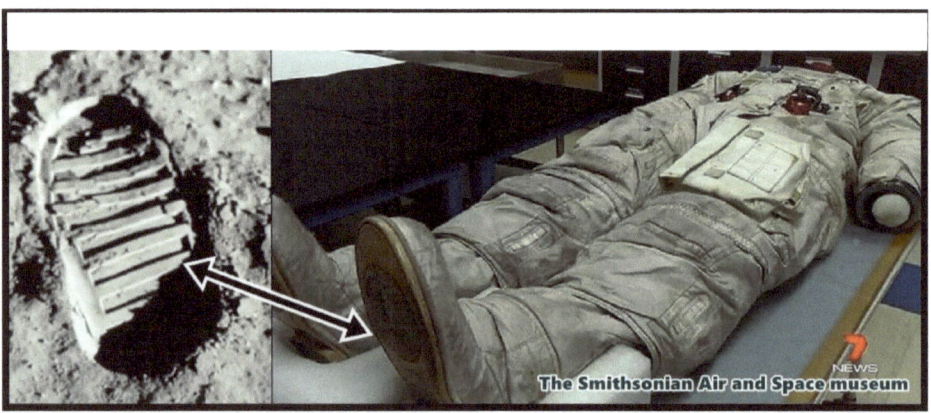

The Smithsonian Air and Space museum

Estas son las que supuestamente dejaron las huellas en la superficie de la Luna

Botas de Neil Armstrong antes de ascender al módulo de despegue.

Otra imagen Apolo 11

Botas astronautas Apolo 15

8 – Fondo falso

El mismo fondo de colinas en distintas fotos

Apolo 17. Tres imágenes con el mismo fondo. En la primera está el módulo de descenso en una toma cercana, en otra no está el módulo de descenso (se olvidaron insertarlo) y en otra toma más lejana no está el equipo que se ve en primer plano en la primera foto. Fotos: Apollo image Nasa AS17-134-20416 y AS17-134-20448

En la Luna Ocurren milagros

Si usted cree que Nasa hace milagros lamento decirle que está equivocado, lo único que hace bien la Nasa es hacer trampa y mentir. Véalo usted mismo en internet ingresando las descripciones de las fotos.

Apolo 17 - Foto Nasa. AS17-134-20422 (El módulo no está)

Apolo 17 - Foto Nasa AS17-134-20441 (El módulo ahora está)

Apolo 17 Foto Nasa AS17-134-20442. (El módulo lunar está)

.

Si prestan atención en la foto AS17-134-20422 notarán que el suelo lunar está cubierto de piedras cosa que no ocurre con las fotos AS17-134-20441 y AS17-134-20442   donde el suelo lunar está casi desprovisto de piedras.

¿Cómo ocurre esto?

Esto ocurre porque las fotos se tomaron en un set de filmación y en diferentes sitios de este. Cometieron dos errores, el primero fue proyectar en el telón de fondo, sobre el falso horizonte, las mismas imágenes de montañas, y el segundo error es que en un sitio habían colocado una maqueta del módulo lunar y en la otra no.

9 - Huella

Una enigmática huella de un solo pié que no viene ni va a ninguna parte

10 – El cielo

En todas las fotos el cielo es negro y desprovisto de estrellas.

La más curiosa anomalía en las fotos lunares es la que destaca María Blyzinky, directora de astronomía del Observatorio de Greenwich (Londres). "*A falta de una atmósfera que entorpezca el paso de la luz, en la Luna las estrellas deberían ser totalmente visibles y brillantes. Pues bien, en las imágenes tomadas por los astronautas no aparece una sola estrella. En todas las instantáneas el firmamento presenta un profundo e invariable color negro*".

"*Resulta raro que, dadas las inmejorables condiciones de observación, la gran calidad de la cámara Hasselblad con la que estaban equipados y la sensibilidad de la película utilizada, una Ektachrome de 160 ASA, a ninguno de los astronautas se le ocurriese hacer una instantánea con un tiempo de exposición suficiente como para recoger ese firmamento único. Tal vez se debiera a que, de todos los elementos susceptibles de falsificación a la hora de construir un decorado que simulase el paisaje lunar, el cielo es precisamente el único imposible de reproducir sin levantar las sospechas de un astrónomo.*"

Cuando el periodista Patrick Moore les preguntó a los tres astronautas en la primera conferencia de prensa posterior al aterrizaje si había visto las estrellas desde la superficie de la Luna, Neil, mirando sorprendido a sus compañeros ante la inesperada pregunta hizo una pausa y respondió como si no se le había ocurrido "pensar antes" sobre el tema: "*No recuerdo haber visto estrellas*..." balbuceó. Al mismo tiempo Mike Collins, miró a Armstrong buscando apoyo, y luego intervino para decir que él tampoco "*podía recordar*". Buzz Aldrin guardaba silencio y parecía ofuscado por no saber que responder ante semejante pregunta.

También se les notaba tensos, algo habitual en aquellos que mienten, es evidente que estaban bajo presión, que la orden de negar las estrellas proviene de los mismos que armaron la estafa usando maquetas con fondo negro, y la prueba de que mienten la tenemos en los testimonios de los hombres que visitan la estación espacial ISS, aunque a éstos se les prohíba tomar fotos o videos de esas estrellas que aún son un tabú para la NASA y demás agencias espaciales cómplices en perpetuar la gigantesca mentira de las misiones Apolo.

Ni una estrella. Tampoco se ven estrellas en las imágenes de Marte tomadas con cámaras más modernas y avanzadas. Pero ese es otro tema del que hablaremos más adelante

11 – El rover lunar

El rover lunar no deja huellas en la superficie de la Luna

Es como si lo hubieran descolgado de una grúa y colocado en su sitio, no existe otra explicación. Se observan huellas de astronautas pero no hay huellas del rover lunar. ¿Cómo es posible?

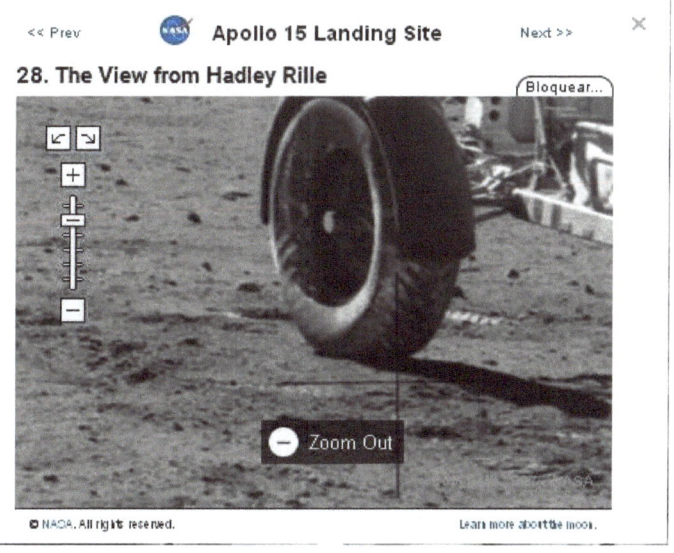

12 - Extravío

Se extraviaron cientos de latas con películas del Apolo 11

La NASA no encuentra la cinta original del primer alunizaje. El Gobierno de Estados Unidos ha extraviado la grabación original del primer aterrizaje en la Luna, que incluye la famosa frase del astronauta Neil Armstrong: "Un pequeño paso para el hombre, un gran salto para la humanidad", dijo el lunes un portavoz de la NASA.

La famosa caminata espacial de Armstrong, vista por millones de televidentes el 20 de julio de 1969, se encuentra entre las grabaciones que la NASA no ha podido localizar en un año de búsqueda, dijo el portavoz de la agencia, Grey Hautaloma. "*No la hemos visto hace algún tiempo. Hemos estado buscándola durante un año, y no ha aparecido*", reconoció Hautaloma. Las cintas también contienen información sobre la salud de los astronautas durante la misión y las condiciones de la nave espacial. En resumen, unas 700 cajas de transmisiones de las misiones lunares Apolo están perdidas, explicó.

El material se conservó durante años en los Archivos Nacionales, pero fue devuelto a la NASA a finales de la década de los 70. "*Estamos buscando en nuestros registros para ver dónde estuvieron por última vez*", agregó Hautaloma. Las últimas declaraciones de la NASA son que decidieron reutilizar las 700 cintas grabadas con el viaje a la Luna para grabar otras cosas encima y así ahorrar dinero en cintas. Debían haber sido las cintas mejor guardadas y protegidas del mundo. Sin embargo parece que con un argumento así de burdo pueden obligarnos a creer que las han perdido. Desde luego que suena a conspiración para ocultar algún secreto.

¿Usted cree que semejante documentación que debería ser patrimonio de la humanidad se puede haber "perdido" dentro de la NASA? Piénselo un segundo

13 – Marcas Crosshairs

Las marcas "Crosshairs" de las fotos lunares.

Las cámaras lunares Hasselblad fueron equipadas con un dispositivo llamado placa reseau. La placa reseau es una placa de vidrio transparente que tiene grabadas pequeñas cruces negras, llamadas "fiduciales" por algunos y "retículas" por otros. A medida que cada fotograma de la película se imprime en su lugar, se presiona contra la placa reseau de modo que la fotografía se toma a través de la placa. Esto resulta en una imagen de los fiduciales que se superponen sobre la imagen enfocada a través de la lente.

Estas marcas sirven normalmente para calcular distancias y aparecen siempre delante de las imágenes. Sin embargo encontramos algunas marcas que sorprendentemente aparecen detrás de los objetos y en otras, en fotos sucesivas, cambian de lugar como muestran estos fotogramas.

Teniendo en cuenta que los reseau son creados por una placa de vidrio que es prensada contra la película, es imposible para cualquier objeto fotografiado aparezca "delante" de la parrilla en la foto. La conclusión natural es que el objeto se ha "pegado" sobre él.

Algo absolutamente irracional e imposible que suceda sin intervención humana, demostrando sin lugar a dudas la manipulación fotográfica.

Veamos algunos ejemplos: Las siguientes son dos fotografías continuas pero con diferencias en las cruces reseau:

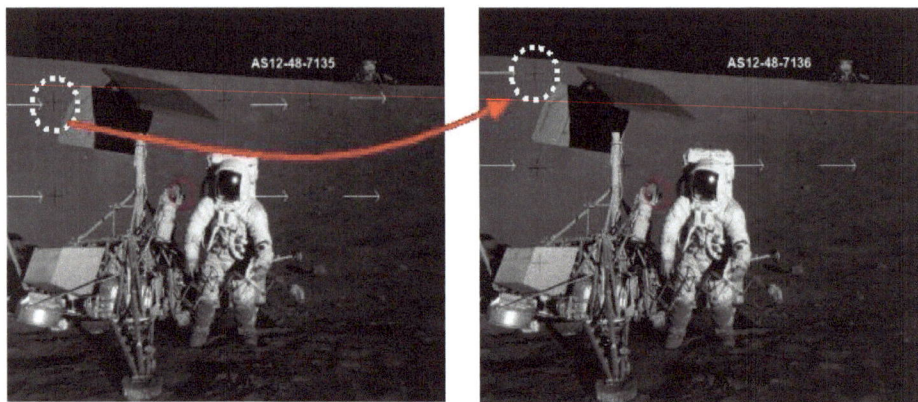

En las siguientes fotografías los reseau se encuentran detrás de las imágenes demostrando que los objetos se pegaron sobre la imagen de fondo.

14 - Reflejos

Extrañas luces en las viseras de los astronautas

Foto de las "prácticas" de los astronautas en Tierra donde se ven reflejadas en las viseras las luces que iluminan el sitio.

Foto lunar oficial NASA AS12-49-7281HR donde vemos el mismo efecto en la visera del astronauta.

Apolo 12 - ampliación foto NASA AS12-49-7281HR

Pete Conrad tomó la foto de Alan Bean

Si encuentran similitudes es porque evidentemente la escena "lunar" fue iluminada artificialmente en un estudio de filmación.

15 – Combustible módulo lunar

El combustible del Módulo lunar era insuficiente.

El módulo lunar pesaba en Tierra quince toneladas, teniendo en cuenta que la gravedad en la Luna es la sexta parte que en la Tierra, esas quince toneladas quedarían en 2,5 Tn. Si el combustible necesario para el despegue también se reduce a una sexta parte, entonces la proporción 65/1 se verá reducida a 10,8 (según los cálculos de Von Braun para lanzar un cohete al espacio: 65 kilos de combustible por cada kilo de carga, incluido el fuselaje). La operación para calcular el peso del combustible necesario para despegar de la Luna es bien sencilla: 10,8 x 2,5 = 27 Tn de combustible. (Siempre en peso lunar). Al abandonar en la Luna el módulo de descenso con sus patas el módulo de despegue supongamos que pese la cuarta parte del total: 27/4= 6,75 redondeando en menos serían necesarios 6 Tn de combustible para despegar, abandonar la gravedad lunar, entrar en órbita y maniobrar para acoplarse con Collins.

En su momento fueron consultados por el poco combustible que contenían los dos tanques, alegaron entonces que en el módulo no hay cohetes pero sí motores. ¿Y cómo puede funcionar un motor propulsor para despegar de la Luna con tan poco combustible? No se sabe. Ni siquiera un Citroën 2cv gastaba tan poco combustible.

Busquen en el plano donde dice tanks (tanques) en color rojo y verán que cada tanque de combustible es algo así como el depósito de combustible de una motocicleta. (Son dos). Se pueden comparar con el tamaño de los astronautas.

Debajo hay dos tanques más (en color amarillo), que se utilizan para el descenso lunar los cuales también son extremadamente pequeños.

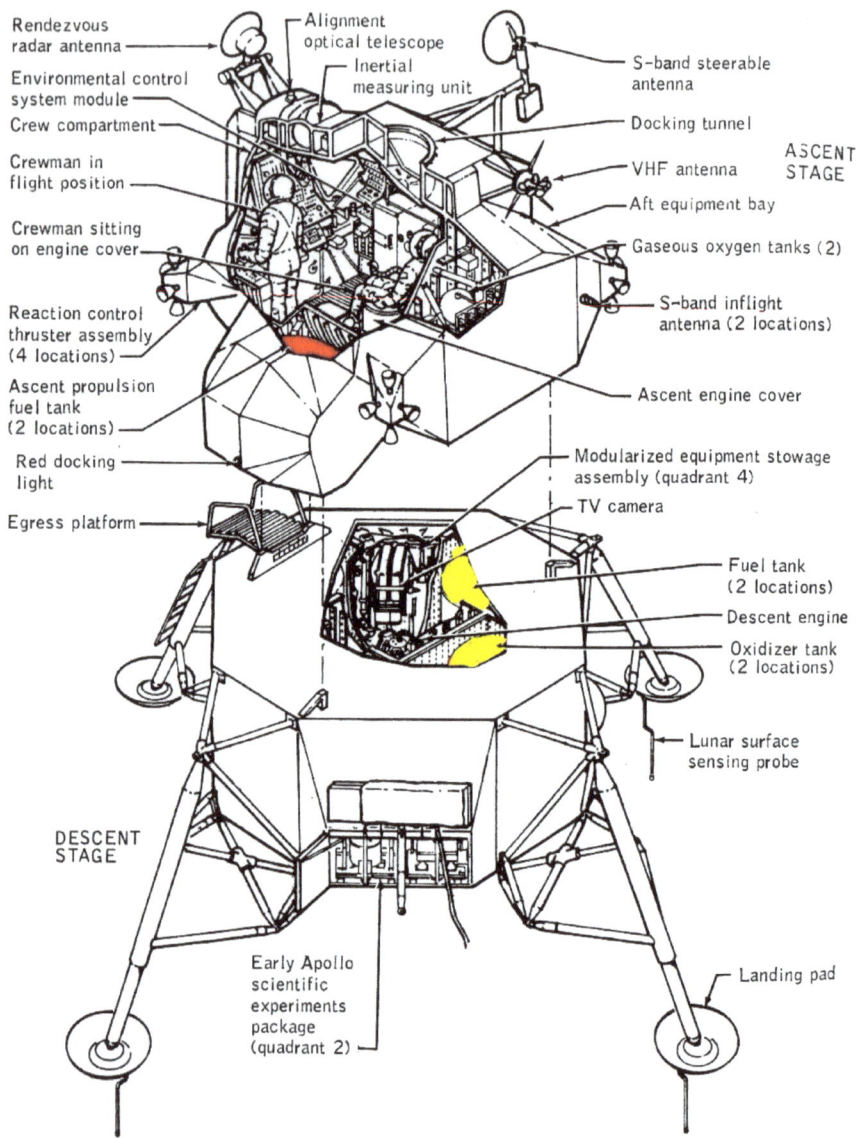

Rendezvous radar antenna

Environmental control system module

Crew compartment

Crewman in flight position

Crewman sitting on engine cover

Reaction control thruster assembly (4 locations)

Ascent propulsion fuel tank (2 locations)

Red docking light

Egress platform

Alignment optical telescope

Inertial measuring unit

S-band steerable antenna

Docking tunnel

ASCENT STAGE

VHF antenna

Aft equipment bay

Gaseous oxygen tanks (2)

S-band inflight antenna (2 locations)

Ascent engine cover

Modularized equipment stowage assembly (quadrant 4)

TV camera

Fuel tank (2 locations)

Descent engine

Oxidizer tank (2 locations)

Lunar surface sensing probe

DESCENT STAGE

Early Apollo scientific experiments package (quadrant 2)

Landing pad

LUNAR MODULE CONFIGURATION FOR INITIAL LUNAR LANDING

16 – El color de la Luna

La mentira del color de la Luna.

¿Dónde están escondidos sin que nadie los haya vuelto a ver los 360 kilos de piedras del suelo lunar?

En esta y las demás fotos de las misiones Apolo observamos muchos colores en la bandera y el módulo de descenso pero el suelo lunar es absolutamente gris y desprovisto de otro tipo de coloración.

El misterio comienza a resolverse cuando en el año 2013 llega a la Luna el famoso rover lunar chino llamado Yutu que comienza a enviar fotos de la superficie lunar y en esas fotos, vualá, aparece el suelo de color ocre.

Durante mucho tiempo todos hemos pensado que la luna era de color gris ceniza, monocromático y así la hemos visto siempre en el cielo a simple vista o con telescopios, no había discusión y de esa forma supuestamente la fotografiaron todas las misiones Apolo que alunizaron en diferentes sitios de la Luna muy distantes entre sí, gris claro ceniza.

¿Porque la vemos gris claro? Nuestros ojos ven la Luna de ese color debido a la reflexión de la luz solar.

¿Cuál es el motivo de la mentira?

Están ocultando esta información porque de revelar los verdaderos colores de la Luna (y de Marte) generaría una avalancha de preguntas incómodas que quizás llevaría a darnos una respuesta absolutamente sorprendente y que por supuesto no quieren que sepamos. Es como que nos quisiesen encerrar en una falsa realidad de la que no pudiésemos salir y estuviésemos constreñidos ahí. Una especie de cárcel donde viviésemos solo en el universo, algo que es falso.

Afortunadamente para todos, el que miente siempre deja por error u olvido algún flanco descubierto que lo delata. A continuación veremos unas imágenes de la Luna publicada por la NASA y tomadas por la nave Galileo Spacecraft:

http://www.thelivingmoon.com/43ancients/02files/Moon_Images_Galileo.html

Estas fotos fueron tomadas por la nave Galileo en Full Color en Diciembre de 1992 y lo pueden verificar en el enlace que les dejo arriba.

De vez en cuando en ese bloque de hormigón que han puesto delante de nuestros ojos se ven ciertas fisuras. Unas de ellas es el auténtico color de la Luna y de Marte. Piensen en todo esto y recuerden que no siempre las cosas son como quieren que las veamos o nos las cuentan.

17 – Google Earth - Luna

¿Por qué Google Earth (Luna) tiene imágenes con una resolución deplorable?

Posiblemente muchos piensan que Google es una empresa independiente sin vinculaciones con el gobierno o las agencias de Estados Unidos, y publican esas deplorables imágenes porque no tienen dinero para comprar mejores cámaras y tomar mejores fotos. Les informo que las fotos las toma la "Agencia Japonesa de Exploración Aeroespacial" (JAXA) y la "Japan Broadcasting Corporation" (NHK) a través del explorador en órbita lunar "KAGUYA" (Selene) (Luna) lanzado en septiembre de 2007 y que transita en una órbita de 100 km.

De cualquier manera a los chicos de Google los perdonamos y les agradecemos el servicio y que podamos ver, mejor dicho podamos observar la Luna a una distancia de cien kilómetros a través de cámaras sin definición, ellos no son los culpables.

Es como ver a Mona Lisa a 100 metros. ¿Hermosa pintura verdad?

De cualquier manera ellos también dependen de la NASA y todas, pero todas las imágenes que vemos en Google Earth (Luna) son tomadas, revisadas, retocadas, borradas y vueltas a revisar mil veces por la NASA.

Lo que es seguro es que la NASA tiene las imágenes de alta definición bien ocultas a la vista del mundo. Porqué nos muestran imágenes de calidad deplorable y que ocultan lo veremos a continuación

Pero vayamos al fraude de los alunizajes, que es el tema principal, esta es la imagen que nos muestra Google Earth (Luna) cuando nos acercamos a los sitios de alunizaje.

Un dibujo, y lo mismo sucede con **TODAS** las misiones Apolo.

No creo que haya una manera más simple y directa para que NASA termine con 46 años de discusiones y complots conspirativos acerca del fraude de las misiones Apolo que mostrar fotos de alta resolución de los módulos lunares y los rovers estacionados en la Luna. Es bien simple, si podemos fotografiar lejanas galaxias, planetas pequeños a millones de kilómetros como quieren que les creamos que no pueden fotografiar seis armatostes de nueve metros y medio de ancho asentados en la polvorienta superficie lunar.

La realidad es que SI pueden, veamos a continuación una foto de Google Earth (Tierra), tomada también por satélites en órbita, en este caso son vehículos circulando y estacionados, podemos ver sus colores y casi de que marca son y miden lo mismo que los vehículos lunares, y ni hablar del módulo de alunizaje que tenía más de 9 (nueve metros). Conclusión lógica: NO quieren mostrarnos los sitios de alunizaje porque ahí no HAY NADA.

Una curiosidad que pocos han visto

Photo Source Image: NASA History gov

Ya escucho a los escépticos decir "Es una foto trucada", y eso es verdad. Lo que ustedes no saben es que NASA afirma y jura que JAMÁS han manipulado fotos de las misiones Apolo. Ok, esta foto publicada por ellos prueba justamente lo contrario. La he modificado irónicamente y es la tapa de este libro.

Desde hace varios años, circulan teorías de que el alunizaje de estos astronautas fue un montaje promovido por la agencia con el fin de mostrar su superioridad en la carrera espacial frente a los rusos y seguir recibiendo importantes partidas del presupuesto, y que las imágenes en directo que vieron millones en todo el mundo fueron rodadas en un estudio cinematográfico y luego transmitidas al mundo mientras los astronautas estaban, literalmente, en órbita terrestre a no más de 200 km. para luego descender con sus cápsulas espaciales en el océano como héroes.

Los astronautas y el control de la misión formaban parte de una puesta en escena meticulosamente diseñada para engañar al público y para hacer creer que se habían posado en la Luna.

Las dudas se intensificaron en el 2001, cuando la cadena de televisión Fox transmitió el programa "Teoría de la conspiración: ¿Llegamos a la Luna?".

Se cree que fue la necesidad de cumplir la promesa de Kennedy lo que provocó la conspiración de la NASA. Entre 1956 y 1963, Bill Kaysing trabajó como redactor técnico en una empresa relacionada con las misiones Apolo. "Durante este tiempo, la NASA realizó un estudio de viabilidad que indicó que sólo tenían un 0,0017% de posibilidades de situar un hombre en la Luna y de devolverlo luego a Tierra con vida."

Hay quien cree, como yo, que Kaysing tenía razón. La tecnología empleada para enviar el Apolo 11 en 1969 a la Luna era muy primitiva comparada con los estándares actuales. De hecho, la computadora de a bordo tenía menos memoria que una lavadora de ropa actual.

Ya en los 70 se empezó a especular con que los graves inconvenientes técnicos sufridos en la misión del Apolo I (se incendió en la cuenta regresiva previa al despegue matando a sus tripulantes) habrían sido imposibles de solucionar en solo dos años.

Por otro lado, la situación política y social de EEUU entonces hace perfectamente verosímil que, en caso de que limitaciones tecnológicas no hubieran permitido la llegada a la Luna en la fecha prometida, se escenificara un montaje para evitar el bochorno internacional. No hay que olvidar que la carrera espacial era uno de los más grandes escaparates propagandísticos de la Guerra Fría, un multimillonario spot publicitario de la grandeza y poderío estadounidense.

Hasta aquel momento, los soviéticos tenían una innegable superioridad frente a EEUU en materia de misiones tripuladas: los primeros en poner un satélite artificial en órbita, en llevar a cabo un vuelo tripulado o la primera maniobra de acoplamiento de dos naves espaciales. Llegar a la Luna serviría para disipar las dudas sobre la inferioridad de la tecnología estadounidense de cohetes, la misma que utilizaban los misiles que formaban la columna vertebral del arsenal nuclear de EEUU.

Además, el alunizaje de 1969 se produce en el momento más sangriento de la Guerra de Vietnam y constituía una distracción muy conveniente para los ciudadanos de un país estremecido por los más de 50.000 jóvenes muertos en una contienda cuyas razones y propósito no terminaban de entender.

Fracasar en el intento habría constituido un problema de primer orden al que habría tenido que enfrentarse el presidente Richard Nixon que destapó ante la opinión pública su condición de rey indiscutible del encubrimiento, las cintas confidenciales y los trucos sucios. No cuesta demasiado trabajo imaginarse a Nixon respaldando el fraude. Si se trata de aportar pruebas concretas, los escépticos sacan de sus cajones decenas de fotografías oficialmente tomadas por los astronautas en la superficie de nuestro satélite que presentan cierto número de interesantes anomalías. David Percy, prestigioso fotógrafo británico y miembro de la Royal Photographic Society declaraba ante las cámaras de la Fox: «Las fotografías del Apolo fueron falsificadas. Muchas están llenas de inconsistencias».

El 20 de julio de 1969, Neil Armstrong, ante la mirada atónita de mil millones de telespectadores de todo el planeta, plantaba su pie izquierdo en la polvorienta superficie lunar. La luz solar, sin ninguna atmósfera que la atenuase, era muy brillante dando una iluminación perfecta a la escena. Se trataba del comienzo de una nueva era pero también el inicio de una guerra entre la NASA y un grupo no precisamente escaso de lunaescépticos.

Somos los que, 46 años después, pensamos que todo fue un engaño, un sofisticado montaje destinado a cumplir a cualquier precio la promesa propagandística que, en su momento, realizara el malogrado presidente Kennedy: llegar a nuestro satélite antes de finalizar la década de los sesenta.

Autores como Bill Kaysing, Ralph René o el cineasta Bart Winfield Sibrel (*) afirman que los desembarcos lunares de las misiones Apolo fueron un fraude. Para ellos y para un 20% de los norteamericanos según las encuestas realizadas por la NASA. *"Armstrong pudo dar su «pequeño paso para un hombre», no a medio millón de kilómetros de la Tierra, en las polvorientas llanuras del mar de la Tranquilidad, sino en otras llanuras, no menos polvorientas, que se encuentran a apenas 150 kilómetros de los carteles luminosos de Las Vegas, concretamente en unos estudios cinematográficos construidos en secreto en el desierto de Nevada."*

"Yo vi las pruebas de descenso del módulo lunar y les aseguro que habría creado un enorme cráter en cualquier superficie, tan grande que, en las pruebas, comprometía el apoyo de las patas del módulo. Los cohetes tenían una fuerza de más de mil libras que apuntados debajo del módulo en su descenso levantaban una cantidad de polvo que impedía toda la visibilidad en cientos de metros a la redonda. Sin embargo si miramos las fotos, no existe absolutamente ningún cráter ni hay evidencias de que haya levantado algo de polvo, las patas y todo lo demás está increíblemente limpio. Otro buen punto es la comunicación de Neil Armstrong cuando está descendiendo en la Luna, se lo oye claramente, sin nervios y sin absolutamente ningún ruido de fondo, ambas cosas imposibles, él está sentado literalmente encima de los cohetes y al menos tenemos que hablar de un estruendo sonoro de 150 o 160 decibeles, sin embargo el habla con la tranquilidad de quien está comiendo un sándwich en una playa desierta."

(*) Bart Sibrel es un cineasta premiado, escritor y periodista de investigación que ha estado produciendo películas y programas de televisión desde hace treinta años. Durante este tiempo ha sido dueño de cinco empresas de producción, ha sido contratado por dos de las tres redes principales y producido películas que se exhiben en la cadena ABC, NBC, CNN, TLC, EE.UU., BET, así como en The Tonight Show. Para hablar sobre sus películas, ha sido entrevistado en The Daily Show, Geraldo, NBC, CNN, FOX, Tech TV, Costa a Costa, y el Informe Abrams. Los artículos sobre sus películas se han publicado en la revista Time, New York Times, Washington Post, Los Ángeles Times y muchos otros.

Periódicamente la NASA ha tenido que salir al paso de las suspicacias de los norteamericanos que piensan que el alunizaje fue más bien un alucinaje, una alucinación. Las últimas de estas ocasiones fueron el 15 de febrero y 19 de marzo de 2001, cuando la Fox emitió el programa Conspiracy Theory: Did We Land on the Moon? (Teoría de la conspiración: ¿Hemos aterrizado en la Luna?), presentado por Mitch Pileggi, actor de la popular serie Expedientes X. En él se denunciaba una amplia serie de incongruencias en la versión oficial de la conquista de nuestro satélite.

Y es que no nos encontramos ante una leyenda urbana ni sus defensores son los típicos freaks de programas televisivos nocturnos. Por el contrario, quienes han investigado este tema aportan argumentos de peso suficiente como para, al menos, abrir el resquicio de una duda razonable.

Diversos analistas han señalado multitud de fallos en varias imágenes: diferencias imposibles entre fotografías y filmaciones; sombras que en lugar de ser paralelas a los objetos, como sucedería si la fuente de iluminación fuera el Sol, trazan líneas divergentes, como si el foco de luz estuviera mucho más cercano; encuadres dignos de un fotógrafo profesional y no de un astronauta que lleva la cámara fijada a la altura del pecho de su traje espacial y sin un visor donde pudieran enfocar.

Demasiadas incógnitas como para no atreverse a preguntar a los protagonistas de la historia. El astronauta Edwin Buzz Aldrin, segundo hombre en pisar la Luna, resultó absuelto en los tribunales de un cargo de agresión contra una persona que le retó de improviso a que jurara ante una Biblia, que llevaba a tal efecto, que realmente estuvo en la Luna en 1969. El veterano tripulante del Apolo XI, de 72 años de edad, declaró a las autoridades que actuó en legítima defensa.

Este incidente hay que enmarcarlo en el código de silencio que rige entre los astronautas del proyecto Apolo. Collins calla, y Neil Armstrong, presuntamente el primero en pisar la Luna, se niega a conceder entrevistas: «No me hagan ninguna pregunta y yo no les diré ninguna mentira», dijo en una ocasión.

Quizá la verdadera razón por la que Neil Armstrong no ha dado entrevistas es porque no quería mentir nunca más. ¿Qué amenazas pudo recibir un hombre tan honorable o sus familiares para obtener su reacia cooperación y después sus remordimientos para perpetuar el mayor montaje en la historia de la humanidad?

Que fue de la vida de los astronautas del Apolo 11

Neil Armstrong, autor de la frase "Un pequeño paso para un hombre, un gran salto para la humanidad" (que reconoció que "no fue del todo espontánea"), renunció a la NASA en 1971 para ocupar un puesto como profesor de Ingeniería Aeroespacial. Desde 1992 fue presidente del Consejo de la AIL System Inc. de New York (dedicada a producir computadoras para aeronaves), presidencia que la empresa se encarga de destacar cada vez que puede. Sin embargo, este cargo parece más honorífico que real: Armstrong se tomaba su puesto con tranquilidad y vivió sus últimos días en Lebanon, un pueblito de Ohio (EE.UU.).

Armstrong nunca pareció llevarse bien con ser uno de los mitos vivientes de su época. La mayoría de las cartas que le envían es devuelta y ninguna suma de dinero logró tentarlo lo suficiente como para aparecer en un medio. Al cumplirse el 20º aniversario de la llegada a la Luna, lejos del entusiasmo que se esperaba de una figura mundial, declaró: "Estas dos últimas décadas no son muy distintas de las de antes del viaje. En estos últimos 20 años siento que sólo vivo para subsistir mientras otros aún conservan el hambre de conquista". Estaba tan cansado de repetir su historia, aseguraba, que no sentía nada al decirla. Cuando llegó el 25º aniversario lo tuvieron que llevar casi a la rastra a la Casa Blanca para posar en una foto junto a los otros astronautas, aunque pidieron a la prensa que no le preguntaran sobre el alunizaje.

Ha hecho muy pocas apariciones públicas desde su regreso a la tierra. Creo que la razón era esa, el leal, valiente, honesto y verdadero americano en lugar de promover la mentira simplemente guardó silencio hasta su muerte.

El 20 de julio de 1994, en una celebración de la Casa Blanca en el 25 aniversario del primer Apolo en la luna, Neil dio un corto discurso, el solo habló 3 minutos. Nos dijo entre otras cosas y conteniendo las lágrimas:

"Hay grandes ideas no descubiertas, avances disponibles que pueden eliminar las capas protectoras de la verdad. Hay lugares para ir más allá de las creencias."

Entre otros, él fue una de esas capas.

Edwin "Buzz" Aldrin Jr. Fue el segundo hombre en pisar la Luna. Pero, al parecer, para él no todo fue gloria a su regreso. En el '71 renunció también a la Nasa y al poco tiempo fue internado en una clínica psiquiátrica militar: "Cuando la NASA nos dijo que era muy difícil que viajáramos de nuevo porque había que dejar lugar a los jóvenes, nuestras vidas personales se derrumbaron. Neil encontró la salida en nuevos desafíos, Collins en sus libros y yo en el alcohol y la depresión". Después de algunas recaídas en su depresión, escribió en 1973 su autobiografía "Retorno a la Tierra", que le permitió salir nuevamente a flote. En su nueva condición de "recuperado", no dio conferencias sobre la Luna, sino contra el abuso del alcohol y las drogas. En el 30º aniversario de la llegada a la Luna recuperó un poco de protagonismo, ya que fue el único de los tres astronautas que se contó entre los oradores de los festejos.

Michael Collins, un estadounidense nacido en Roma, Italia y que nunca pudo pisar la Luna (como la mayoría de los terrícolas) a pesar de haber llegado a estar a pocos kilómetros. Varios años después de su regreso confesó que el viaje a la Luna le dejó dos cosas: la idea de que era muy difícil que algún día pudiera volver y serios problemas para recomponer las relaciones con su familia después de un entrenamiento que lo había alejado mucho de ella. El también renunció a la NASA en 1969. "Creo que en los futuros vuelos debería incluirse a poetas y filósofos, gente capaz de explicar mejor lo que se ve en la Luna", aceptó este científico militar en uno de sus reportajes.

¿Por qué los tres renunciaron inmediatamente a la NASA después de su regreso?

¿Por qué ninguno quiso hablar con periodistas de su experiencia?

¿A qué presiones psicológicas o amenazas fueron sometidos estos hombres para que uno se exilie en un lejano pueblito, otro sufra de depresiones, alcoholismo y otro destruya su vínculo familiar?

Todo eso es muy extraño. Acaso, tal vez tenían prohibido hablar y contar que nunca salieron de una órbita de 200 millas. Si fue así, se comprende que semejante ocultamiento haya destrozado sus vidas.

El oficial de más alto cargo en NASA James Web, dimitió sin explicaciones justo unos días antes de la primera misión Apolo. ¿Por qué, si estaba a punto de llegar a la cúspide de su carrera?

Y frente a ellos, reputados escépticos como Bill Kaysing. Este californiano de pelo cano trabajó como jefe de publicaciones técnicas para la sección de investigación y desarrollo de Rocketdyne, contratista de los motores del proyecto Apolo.

Ya entonces empezó a sospechar que el trabajo que se desarrollaba en su empresa poco tenía que ver con la Luna. Tras años de trabajo publicó, pagado de su propio bolsillo el libro " Nunca fuimos a la Luna", donde denuncia los alunizajes falsos, las fotografías retocadas, las presuntas rocas lunares que jamás han salido de la Tierra y los astronautas programados psicológicamente para mantener una impostura tan perfecta que ellos mismos se la creen. Por no hablar de cómo ciertos medios de comunicación fueron partícipes y encubridores de todo ello, empezando por Walter Cronkite, el hombre que narró para los estadounidenses el histórico momento.

MENTIRAS DE LA URSS

Llegados a este punto ya no nos extraña comprobar que la Unión Soviética mintiera reiteradamente sobre su carrera espacial. El 12 de abril de 2001, aniversario de la fecha en que fue enviado el primer hombre al espacio, el diario ruso Pravda sorprendía al mundo con la revelación de que Yuri Gagarin no fue el primero.

En 1957, 1958 y 1959 tres pilotos soviéticos murieron en varias tentativas. La guerra propagandística entre ambas superpotencias hizo inviable que los rusos confesaran los trágicos fracasos.

Durante décadas la propaganda soviética vendió la historia de la perrita Laika orbitando alrededor de nuestro planeta durante una semana y siendo fuente de valiosos datos que contribuirían a hacer más seguras las expediciones tripuladas por humanos. Hoy sabemos que Laika falleció apenas siete horas después del despegue, víctima de un ataque al corazón provocado por el pánico. Una muerte muy poco apropiada para el triunfalismo que requería la propaganda de la Guerra Fría, por lo que la verdad fue sutilmente manipulada y no se ha conocido hasta muy recientemente.

¿Recurrieron los norteamericanos a tácticas similares? Es casi seguro que sí. Puede que la NASA, al igual que los soviéticos en su día, desvirtuase la verdad en aras de ocultar las miserias de su programa espacial. Puede que dentro de unos años tengamos la respuesta definitiva a la cuestión de si el hombre fue o no a la Luna en aquella fecha. Una compañía privada, Transorbital, tiene previsto el lanzamiento de un satélite en órbita alrededor de nuestro satélite, equipado con una cámara lo suficientemente potente como para fotografiar los restos de las misiones Apolo sobre la superficie lunar. Tal vez entonces los más suspicaces acepten por fin que los humanos alcanzaron la Luna, para tranquilidad de la NASA o puede que no encuentren nada como sospechamos.

16 jun 2015 - Rusia: "No, no dudamos que EE.UU. voló a la Luna, pero ¿dónde está el video?"

Con ironía, investigadores rusos estarían dispuestos a ayudar a sus homólogos estadounidenses a buscar el video desaparecido del vuelo de los astronautas de la misión Apolo 11 a la Luna, según ha anunciado el representante del Comité de Investigación ruso Vladímir Markin.

"Se puede ayudar a realizar una investigación internacional sobre la desaparición de la cinta filmada por los astronautas en la Luna, o dónde están escondidos, sin que nadie los haya vuelto a ver, los 400 kilos del suelo lunar. No, no estamos diciendo que no volaron y solo rodaron una película. Pero todos estos artefactos científicos y, quizás, culturales, son patrimonio de la humanidad y su desaparición sin huella una pérdida común para todos nosotros, y la investigación lo dirá", ha expresado Markin citado por 'Izvestiya'.

Enviarán un mini satélite ruso para comprobar que la NASA puso un hombre en la Luna.

Un un grupo de entusiastas rusos ha decidido crear un proyecto para construir un mini satélite capaz de ver las huellas de los astronautas del Apolo en la superficie lunar y comprobar que, efectivamente, estuvieron allí.

El asunto no tendría mayor relevancia si no fuera porque la iniciativa en cuestión superó el millón de rublos en cuatro días de recaudación, una cantidad que, dependiendo del día y teniendo en cuenta el débil estado de la divisa rusa, equivale a unos 15000 euros. Puede que no sea mucho para un proyecto espacial aunque la cifra no es ninguna broma dentro de Rusia, pero ha logrado superar el objetivo inicial de 800 000 rublos y, de paso, ha atraído la atención de medios de todo el mundo. Pero, ¿de qué va todo esto? ¿Se han vuelto locos estos rusos?

En realidad, este proyecto no surgió con la idea de ver las huellas del Apolo, sino que fue concebido como una propuesta más dentro del marco de la actual moda de diseñar mini satélites capaces de estudiar el espacio profundo y, en concreto, la Luna. Pero puesto que el instrumento principal del mini satélite iba a ser una cámara de ultra alta definición, el líder de la iniciativa, el periodista Vitali Yegórov, decidió usar como gancho publicitario la posibilidad de emplear el satélite para comprobar si la NASA había llegado de verdad a la Luna. Y huelga decir que el truco de relaciones públicas ha funcionado a la perfección.

Además de los seis lugares de alunizaje del Apolo, el satélite podría ver los dos Lunojods y los restos de otras sondas soviéticas. A pesar de todo, el diseño del satélite no está decidido y su grado de concreción dependerá de la financiación alcanzada en esta primera fase del proyecto. El equipo de Yegórov calcula que para hacer realidad este proyecto necesitarán como mínimo unos cinco millones de dólares.

La mentira ha estado firme en su lugar por más de 4 décadas.

Con el tiempo y el paso de los años todo esto se difuminará y quedará en una anécdota y todas estas pruebas desaparecerán para que finalmente prevalezca como siempre ocurre, la versión oficial.

La frase de un director de la CIA que no deberíamos olvidar

William Casey fue director de la CIA desde 1981 hasta 1987.

A Casey se le atribuye una cita altamente significativa sobre el auténtico papel de las agencias de inteligencia y de los propios gobiernos, respecto a los ciudadanos, que a pesar de hacer referencia específicamente al público estadounidense, es aplicable a todos los países, a todas las agencias de inteligencia y a todos los gobiernos.

La cita se produjo en una reunión en el salón Roosevelt de la Casa Blanca en 1981, una reunión a la que asistían el propio William Casey y el recién elegido presidente de los EEUU, Ronald Reagan.

Reagan le preguntó a Casey, cuál era el objetivo que como director de la CIA se había planteado conseguir y la respuesta a la pregunta ya forma parte de la historia del mundo de la conspiración:

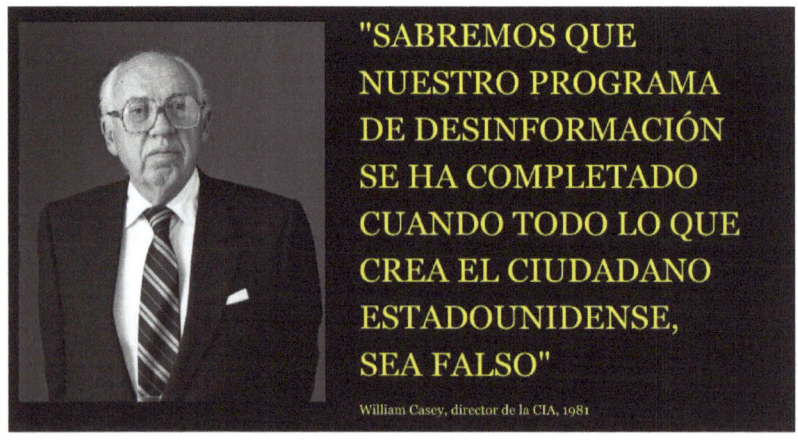

"SABREMOS QUE NUESTRO PROGRAMA DE DESINFORMACIÓN SE HA COMPLETADO CUANDO TODO LO QUE CREA EL CIUDADANO ESTADOUNIDENSE, SEA FALSO"

William Casey, director de la CIA, 1981

Como vemos, una de las principales funciones de las agencias de inteligencia consiste en esparcir desinformación a través de las agencias de noticias, de las que asimismo beben los medios de comunicación a la hora de presentarnos las noticias, con el objetivo de hacer creer cosas falsas a la población.

Siempre habrá quien crea que esta cita es aplicable al caso concreto de la era Reagan y a los finales de la guerra fría.

Pero cualquier persona haría bien en no olvidar esta frase y tener siempre presente que uno de los mayores objetivos de agencias como la CIA y los gobiernos es conseguir que TODO aquello en lo que creamos, sea una gran mentira.

Las negociaciones entre Stanley Kubrick y la NASA.

Kennedy era un visionario y no un científico, lanzó la promesa de ir a la Luna antes del fin de la década del 60.

Cuando ese objetivo resultó ser imposible simplemente decidieron hacer un truco y no admitir que querían morder un trozo más grande de lo que podían masticar.

Además había muchas presiones en el complejo militar industrial y la NASA de hacer dinero con una buena distracción, también estaba la guerra de Vietnam y querían darle algo al ciudadano americano para que se sienta bien, algo de lo que se sintiera orgulloso: poner un hombre en la Luna.

Podían haber involucrado al director de medios del pentágono y obtener un resultado de aficionados o contratar al mejor cineasta de todo el mundo en ese momento, Stanley Kubrick, y conseguir resultados profesionales y a corto plazo.

Y qué casualidad, Stanley Kubrick estaba rodando la famosa película "2001 una odisea en el espacio". La gente vería a los astronautas en la Luna y lo creería sin dudarlo un instante.

Kubrick fue calificado de: Megalómano, controversial, legendario, reservado, meticuloso, perfeccionista, obsesivo, controversial, hermético, tirano, audaz, y excéntrico pero de lo que no hay dudas es que era un genio.

Stanley Kubrick falsificó los alunizajes a cambio de un presupuesto prácticamente ilimitado para terminar su última película de ciencia ficción: "2001 Una odisea en el espacio"

Eventos paralelos: La producción de la película 2001 comenzó en 1964 y fue exhibida en 1968. Mientras tanto, el programa Apolo también se inició en 1964 y culminó con los primeros alunizajes en 20 de julio de 1969.

Es muy interesante observar que el científico Frederick Ordway quien estaba trabajando tanto para la NASA y para el programa Apolo fura también el máximo asesor de ciencia de Kubrick para su película "2001".

Una vez que se negoció el acuerdo, Stanley, se puso a trabajar. El problema más apremiante para Kubrick era de encontrar una manera de tomar las fotos en el supuesto suelo lunar, tuvo que hacer las escenas muy abiertas y expansivas para simular la superficie lunar y que no pareciesen tomadas en un estudio.

Nadie sabe cuántas veces lo intentó, pero con el tiempo Kubrick decidió hacer todas las fotografías y películas con una técnica cinematográfica llamada "Pantalla de proyección frontal".

Es en el uso de esta técnica cinematográfica que las huellas dactilares de Kubrick se pueden ver en todo el material fotográfico de las misiones Apolo de la NASA

¿Cuál es la proyección de la pantalla frontal? Kubrick no inventó el proceso, pero no hay duda de que lo perfeccionó. Pantalla de proyección frontal es un dispositivo cinematográfico que permite escenas que se proyectan detrás de los actores de manera que aparece, en la cámara, como si los actores se mueven en un ámbito proporcionado por la proyección de la pantalla frontal.

El proceso llegó a buen término cuando la empresa 3M inventó un material llamado Scotchlite. Este fue un material de pantalla que se compone de cientos de miles de pequeñas cuentas de vidrio cada una de unos 0,4 milímetros de ancho. Estas perlas fueron altamente reflectantes. En el proceso de proyección de pantalla de frente la pantalla Scotchlite sería colocado en la parte posterior de la escena.

El plano de la lente de la cámara y la pantalla Scotchlite tenía que ser exactamente de 90 grados. Un proyector proyectaría el falso fondo lunar en la pantalla Scotchlite través de un espejo y la luz iba a ir a través de un divisor de haz, que pasaría la luz en la cámara. Un actor se paraba delante de la pantalla Scotchlite, y él parecía estar dentro de la proyección.

Hoy los magos de Hollywood utilizan pantallas verdes y computadoras para los efectos especiales, y la proyección de la pantalla de modo frontal ha quedado en desuso, pero para la época, sobre todo en la década de 1960, nada funcionó mejor que la proyección de la pantalla frontal.

Se utilizó tanto para las escenas de los hombres mono en la película "2001 una odisea en el espacio" y también en los falsos aterrizajes del Apolo.

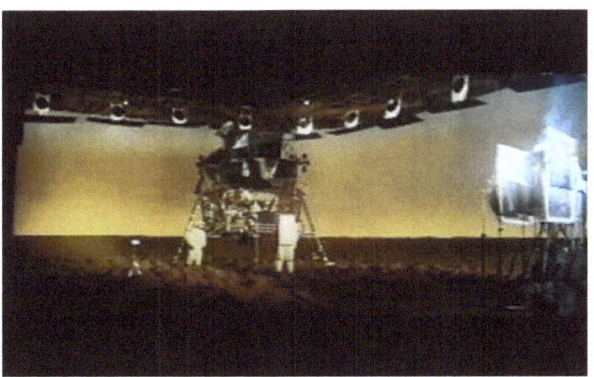

Muchos investigadores han señalado los diferentes ángulos de luz sobre la superficie de la luna. Porque sólo hay una fuente de luz (el sol) ¿cómo puede haber múltiples ángulos de luz de la luna como este?

¿Cómo pueden los astronautas tener sombras divergentes si en realidad estaban de pie en la luz brillante del sol? ¿Por qué? Porque Kubrick utiliza iluminación de estudio.

Pero ¿por qué Kubrick comete errores evidentes, como las inconsistentes sombras en las imágenes, el cielo negro, la falta de cráter debajo de la tobera del módulo lunar, el reflejo de luces en las viseras de los astronautas y todo lo que acabo de demostrar a través de las páginas?

Un obsesivo y perfeccionista Stanley Kubrick debió de darse cuenta de que todo esto era un gran error. Su maestría en luces y sombras era legendaria.

Mi respuesta es que Kubrick hizo esto a propósito. Dejó tras de su trabajo rastros detectables del fraude de modo que cualquier persona puede recibir estas señales. Y lo hizo como lo hacen todos los grandes artistas, dejando evidencia de su autoría.

Pero también podemos ver que Kubrick utilizó la falsificación de las misiones Apolo a la luna como una oportunidad para hacer una gran película. Debido a que había negociado un acuerdo en el que nadie supervisaría su película, a Kubrick se le permitió hacer lo que quiera con la película que deseaba. Sabiendo que nadie se opondría a sus métodos de lucha contra-Hollywood, creó la primera película abstracta, la primera película intelectual y la mayor obra esotérica del arte en el siglo veinte: "2001 Odisea en el espacio".

El presidente de MGM en 1968 declaró públicamente que él nunca vio un primer corte de 2001 durante los cuatro años de producción. No es la manera en que un gran estudio actuaba normalmente.

2001 fue una de las películas más caras jamás hechas hasta ese momento.

¿Por qué la MGM no estuvo interesada en el monumental presupuesto de 2001?

Debido a que MGM no financió 2001, el gobierno de Estados Unidos lo hizo.

Existen otras pruebas circunstanciales que obliga a la conclusión aún más de la dirección de Kubrick en la totalidad de las misiones Apolo.

Por ejemplo: En la versión original de la película 2001 había muchos créditos finales agradeciendo a la NASA y muchas de las empresas del sector aeroespacial que trabajaban con la NASA en los alunizajes. Estos créditos ya se han eliminado de todas las versiones posteriores, pero para aquellos de nosotros con edad suficiente para recordar, en los créditos originales Kubrick agradecía a una amplia gama de empresas militares y espaciales por su ayuda en la producción.

Como se trataba de las mismas corporaciones que supuestamente ayudaron a la NASA para "enviar" a los astronautas a la Luna uno tiene que preguntarse

¿Qué tipo de ayuda se le dio a Stanley Kubrick? y ¿A qué precio?

¿Entendemos ahora porque la Nasa extravió TODAS las películas "originales" de Apolo 11? No las pueden mostrar y es posible que ya las hayan destruido.

Mi marido dirigió el falso alunizaje dice la viuda de Stanley Kubrick.

Poco tiempo después Nixon no pudo dormir bien durante semanas, y, finalmente, dio órdenes para rastrear el equipo de la película, a quienes se le había dado una nueva identidad y se había reubicado a otros países. Casi todo el equipo involucrado en la película fue rastreado y asesinado por la CIA, que en ese momento era comandada por el general Walters, con la excepción de Kubrick que llevó una vida de reclusión en su casa hasta el día de su muerte.

El técnico de sonido se quemó vivo en un accidente de autos, el ayudante de dirección fue encontrado ahogado en la piscina de su jardín, otro apareció en la Patagonia descuartizado. El último huyó, pero a los pocos años fue también asesinado.

El mismo general Walters, quien ordenara el asesinato de todos los que participaron en el rodaje, murió misteriosamente el día después de haber contado la historia del fraude a los periodistas franceses.

La salud de los astronautas de las misiones Apolo

Sin ser totalmente irónico, me es inevitable pensar en aquellos astronautas de las misiones Apolo; algunos fallecieron por motivos cardíacos u accidentes, nada relacionado con exposición a radiación, y otros, la mayoría, ahora son ancianos con buen estado de salud.

Apolo 11 – (16 de julio de 1969) Datos astronautas al 07/12/2015

Neil Armstrong: falleció a los 82 años por problemas coronarios.

Buzz Aldrin: tiene en la actualidad 85 años.

Michael Collins: tiene en la actualidad 85 años.

Apolo 12 – (14 de noviembre de 1969)

Charles Conrad; falleció a los 69 años en un accidente con su motocicleta.

Richard Gordon tiene en la actualidad 86 años.

Alan Bean: tiene en la actualidad 83 años.

Apolo 13 – (11 de abril de 1970)

James A. Lovell Jr.: tiene en la actualidad 87 años.

T. Kenneth Mattingly II: tiene en la actualidad 79 años.

Fred W. Haise Jr: tiene en la actualidad 82 años.

Apolo - 14 (31 de enero de 1971)

Alan B. Shephard: falleció a los 75 años de leucemia. (27 años después de Apolo)

Edgar D. Mitchell: tiene en la actualidad 85 años.

 Stuart A. Roosa: falleció a los 61 años de pancreatitis (cons. excesivo de alcohol.

Apolo 15 – (26 de julio de 1971)

David R. Scott: tiene en la actualidad 83 años.

 Alfred M. Worden: tiene en la actualidad 83 años.

 James B. Irwin: falleció a los 61 años por problemas cardíacos.

Apolo 16 – (16 de Abril de 1972)

John Young: tiene en la actualidad 85 años.

 Charles Duke: tiene en la actualidad 80 años.

 Ken Mattingly: tiene en la actualidad 79 años.

Apolo 17 – (7 de diciembre de 1972)

Eugene Cernan: tiene en la actualidad 81 años.

Harrison Schmitt: tiene en la actualidad 80 años.

Ronald Evans: falleció a los 56 años por problemas cardíacos.

.

Fotos curiosas Apolo 11

Neil Armstrong con máscara apenas rescatado del módulo lunar.
(¿Es realmente Armstrong)

Cápsula Apolo 11 color blanco en el despegue (¿o azul?)

Cápsula Apolo 11 color amarillo en el amerizaje

Astronautas rezando a la cápsula Apolo (¿lo más riesgoso?)

(¿Y el viaje a la Luna?)

Foto izq. Rover lunar cubierto, con amarres y aún sin descender **(pero se observa una huella)**.

Foto derecha: Rover lunar ahora descargado y sin amarres.

Esta foto es interesante y reveladora, se nota claramente la imagen proyectada en una pantalla (sobre la línea roja), es notoria la diferencia de iluminación y de tonos.

También se aprecian las pisadas en torno del rover pero que no vienen ni van hacia ninguna parte, como si el conductor se hubiese evaporado. ¿Otro milagro lunar o un mal fotomontaje?.

Conclusiones

La ciencia ha abandonado todos los debates, han apagado el pensamiento y cerrado todas las puertas a la luz de la verdad.

Cerrar las discusiones es recrear el accionar de los Papas de la edad media cuando decían que había que escucharlos a ellos porque tenían la sabiduría de Dios y se negaban a escuchar cualquier argumento científico que desafiara sus dogmas. No solo no los escuchaban, literalmente a muchos los quemaron en hogueras.

De igual manera actúa la NASA no respondiendo nada que desafía sus falsas informaciones que con el correr de los tiempos se han convertido en verdaderos e intocables dogmas.

La Nasa nunca va a salir a decir: "Les mentimos, los alunizajes no fueron reales".

En consecuencia olvidémonos de eso y usemos nuestras mentes.

Los que tampoco merecen disculpas, por obedientes y serviles, son los integrantes de la comunidad científica internacional que por temor a ser castigados, ya no en una hoguera, sino perdiendo sus trabajos, reputaciones y tratados de locos y conspiradores, callan.

Los medios de comunicación y sus periodistas no escapan a esta farsa, repitiendo como loros la información que baja desde la NASA y riéndose de cuantas teorías o pruebas aparezcan continuamente en todos los puntos de nuestro planeta que contradigan aquellos dogmas y describiéndolos de un modo despectivo como " teóricos de la conspiración".

Pues les diré que las conspiraciones siempre han existido, con solo repasar nuestra historia desde sus comienzos nos daremos cuenta que siempre hay manos ocultas, detrás de los líderes, que manejan con hilos invisibles nuestras vidas.

Esto no es realmente una teoría de la conspiración, solo es la búsqueda de la verdad considerando la posibilidad de que los alunizajes fueron fraudulentos a la luz de las evidencias.

Ir o no ir a la Luna es significativo en la historia de la humanidad, digamos por un lado que pudieron ir a la Luna a plantar una bandera con la tecnología de 1969, a pesar de que no se puede repetir hoy, o la otra posibilidad es que no podían hacerlo y por eso mintieron, asesinaron gente para mantener el secreto y malversaron billones de dólares.

Por las evidencias que tenemos aquí, los alunizajes fueron de hecho falsos y es más significativo históricamente que si hubieran ido en realidad. Fue uno de los mayores acontecimientos de la historia humana y considero que es una falla en nuestro carácter como raza humana no poner fin a esta gran mentira.

Las misiones apolo nunca abandonaron la órbita terrestre.

Ellos incentivan continuamente la imaginación de aliens, ovnis y todas las demás cosas extrañas con el fin de que usted dude y piense que tal vez todo eso no sea cierto, o si, pero la idea final, que estuvieron en la Luna, quedará fijada en su mente para siempre.

Tenemos que tener en claro que este tipo de realización jamás se ha logrado en el primer intento. La primera vez que los hermanos Wright trataron de volar no lo lograron, fue en la vigésima o trigésima vez que lo lograron. Cuando Edison trató de inventar la bombilla eléctrica ¿creen que lo consiguió la primera vez? Lo intentó una y mil veces hasta lograrlo.

Nos dicen que fueron a la Luna al primer intento y con la tecnología de los años 60, no una, sino 7 veces en cuatro años, es ilógico y absurdo.

En estos momentos NASA diseña un cohete llamado Orión con el que pretenden enviar astronautas a Marte, en una prueba no tripulada subió a 5800 km. y regresó con resultados de las telemetrías y mediciones. La mayoría de la gente no sabe esto, pero todos los vuelos tripulados en la historia humana fueron muy por debajo de los cinturones de radiación.

Sin embargo las misiones Apolo dicen que pasaron por esa radiación rumbo a la luna y luego volvieron a pasar en su regreso.

El ingeniero de Orión, Kelly Smith, dice que en estas pruebas están estudiando la peligrosa radiación de los cinturones de Van Allen, ¿cómo es esto?, entonces la Nasa acaba de admitir que aún no existe la tecnología para enviar personas a través de los cinturones radiactivos.

¿Cómo hicieron en 1969, hace casi 50 años para que ningún astronauta se friera, tuviera cáncer o al menos una pequeña molestia por la mortal radiación? Imposible.

Después de la experiencia de Orión varios investigadores pidieron a la Nasa la lectura de los contadores geiger. ¿Que contestaron? Que es información clasificada.

Las sondas que envían a Marte, Júpiter o Plutón miden el helio en la atmósfera, la temperatura, mil cosas más y no es ningún secreto.

¿Por qué es un secreto las mediciones de la radiación en los cinturones Van Allen? .No hay razón para ocultar esto. O tal vez sea para mantener una mentira cincuentenaria y si abren la boca se desbarataría como un castillo de naipes la mentira de las misiones Apolo y la imposibilidad humana de atravesarlos.

Es por eso que la información es clasificada.

Segunda parte

Proyectos militares secretos

Operación Dominic - Proyecto Starfish Prime

El 9 de julio de 1962 los Estados Unidos detonó un arma nuclear por encima del Océano Pacífico y a unos 400 km en órbita de la tierra, que fue llamado Starfish Prime (la estación espacial ISS orbita a una distancia que varía entre los 370 km y 450 km de distancia a la tierra).

Fue parte de una peligrosa serie de detonaciones a gran altitud de bombas nucleares en el apogeo de la Guerra Fría. Se sintieron sus efectos inmediatos por miles de kilómetros, pero aún hoy tienen una secuela de largo alcance que nos toca.

El misil se elevó hasta una altura de más de 1100 km y luego volvió a bajar, a la altura programada de 400 km, sólo segundos después de las 09:00 GMT, la cabeza nuclear de 1,4 megatones fue detonada. Y se desató el infierno.

El gobierno de EEUU quería comprobar con dicha prueba varias cosas: ver si la radiación de las bombas haría más fácil detectar supuestos misiles rusos, si la explosión provocaría daños a los objetos cercanos (satélites) o si "alteraría" o si haría un "paso" entre los mortales cinturones Van Allen de la magnetosfera terrestre que impiden el paso de naves espaciales tripuladas. Nada de esto sucedió, todo lo contrario, muchos de los electrones de la explosión no cayeron en la atmósfera de la Tierra, sino que persistieron en el espacio, atrapados por el campo magnético de la Tierra creando un tercer cinturón de radiación artificial además de los dos cinturones radioactivos descubiertos por Van Allen por encima de la superficie de nuestro planeta.

Lo llamativo es que las detonaciones no fueron ocultadas, sino que incluso se anunciaron en la prensa y promocionándolas como un espectáculo visual.

Las imágenes han sido utilizadas en el documental "Nukes in Space" que detalla hasta 20 explosiones nucleares provocadas por EEUU y la URSS en las capas más altas de la atmósfera y en el espacio para probar la efectividad de estas armas en un eventual enfrentamiento.

El final de las pruebas atmosféricas se produjo en 1963 cuando se firmó el tratado de prohibición limitada que puso fin a todas las pruebas nucleares extra atmosféricas pero el sello indisoluble de esas pruebas sigue vivo.

Las partículas adicionales que esas bombas dispersaron se han utilizado como marcas de tiempo, desde ese momento todos los seres vivos llevamos marcas indelebles que permite datar todo, desde árboles hasta personas, algo así como antes de Cristo o después de Cristo.

Las detonaciones pueden haber ocurrido fuera de este mundo, pero su marca vive en el interior de nuestros huesos para siempre. ¿Lo sabías?

Aquí hay un video que muestra imágenes reales de la prueba.
https://www.youtube.com/watch?v=KFXlrn6-ypg

Un efecto inmediato de la explosión fue una gran aurora artificial vista en miles de kilómetros a la redonda.

A eso se lo llama pulso electromagnético o EMP. La fuerza del pulso era tan enorme que afectó el flujo de electricidad en cientos de kilómetros. En Hawái causó apagones generalizados y cortes telefónicos. Otros efectos incluyeron sobrecargas eléctricas en los aviones y apagones de radio. (Se debe aclarar que en esa época no había computadoras ni teléfonos celulares que, de haber existido, también hubieran sido afectados o inutilizados).

El EMP había sido predicho por los científicos, pero el pulso Starfish Prime era mucho mayor de lo esperado. Y había otro efecto que no se había predicho con exactitud:

El pulso de electrones dañó (al menos) seis satélites, incluyendo uno soviético. El efecto general conmocionó a científicos e ingenieros. Habían esperado algo mucho más pequeño, ni de lejos calcularon el nivel de lo que realmente ocurrió.

Debido a esto, las pruebas, en adelante, realizadas por los EE.UU. fueron diseñadas con explosivos nucleares de aproximadamente ¼ de potencia de la primera explosión.

Yo tengo la certeza que acceder al conocimiento es mejor que no saber, aun cuando el conocimiento, en ocasiones, sea aterrador.

The Haughton Mars Project

¿Qué es?: La exploración y la investigación científica en un proyecto de ámbito internacional y multidisciplinario.

¿Dónde?: Estación Haughton-Mars Proyecto de Investigación (HMP RS), en la isla de Devon, Nunavut, en el Ártico canadiense.

¿Cuándo?: Las Misiones se realizan cada verano desde 1997.

¿Quiénes son?: El proyecto incluye a cerca de 100 participantes de diferentes instituciones y disciplinas, encabezados por el líder del proyecto Dr. Pascal Lee, del Centro de Investigación AMES de la NASA, Instituto de Marte y del Instituto SETI.

¿Por qué?: Para avanzar en los planes para la futura exploración de la Luna, Marte y otros cuerpos planetarios del espacio profundo, probando tecnología y operaciones en un entorno remoto, extremo y la realización de la investigación en ciencias en el terreno de Marte.

El programa de exploración del proyecto Haughton-Mars (HMP) estudia las tecnologías, estrategias y personal que se utilizará en futuras misiones de exploración tripuladas a la Luna, Marte y otros cuerpos planetarios. Investigadores HMP probaron prototipos de tecnología, tales como K-10, rover diseñado para ayudar a los seres humanos antes, durante y después de las misiones de exploración humana. Debido a que el medio ambiente es duro y aislado, proporcionará un análogo para probar estrategias de exploración planetaria, como la seguridad y la telemedicina. Además de su programa de exploración, el HMP apoya un programa científico, en la que las similitudes entre este sitio y la superficie de Marte ofrecen información sobre la geología y el clima de Marte.

Muy bien, esto es lo que dicen que hacen en el Haughton Mars Project según el Mars Institute.

<u>La otra versión:</u>

A continuación les contaré algo acerca de lo que sucede, en realidad, en la Isla Devon y las preguntas que surgen espontáneamente cuando tenemos el conocimiento de la verdad.

¿Los rovers Curiosity, Spirit y Oportunity que nos dicen están explorando y enviando imágenes de Marte podrían estar, en realidad, en la tierra?

Tal vez las imágenes que nos han estado mostrando no son de Marte sino de un remoto lugar en una isla en el norte de Canadá y cerca del círculo polar ártico: La isla Devon.

Devon es la isla deshabitada más grande del mundo. En su interior existe un sitio muy peculiar, con un paisaje algo montañoso, erosionado, muy frio y nos recuerda muchísimo y sospechosamente al paisaje marciano que estamos acostumbrados a ver en las fotografías que publica la NASA.

En esta isla nos encontraremos con varias sorpresas.

Existe un campamento y un vehículo todo terreno con el logo de Nasa.

¿Qué inscripciones tiene el vehículo?

Vemos nítidamente el logo de Nasa y otro que seguramente representa la Tierra y Marte. También encontramos que tiene la inscripción "Mars Project in Cooperation with Nasa" y un logotipo con la leyenda "Cam General".

¿Cámaras? Es extraño. Tal vez no, este vehículo tiene un brazo robótico y una cámara montada, similar al equipo de los rovers en Marte.

Pero si seguimos observando descubriremos en el mismo sitio a dos rovers con cámaras y que tienen alguna similitud con los rovers marcianos que nos muestra Nasa, pero ¿con ruedas neumáticas?

Ante esta evidencia nos preguntamos ¿Qué es lo que prueban?

Evidentemente no prueban tracción de los rovers en terrenos difíciles porque estos se deslizan sobre neumáticos de caucho y no serían aptos para la superficie marciana.

Descartado el sistema de tracción, se me ocurre pensar que podría ser que estén probando algún sistema de mando a distancia para el vehículo y el enfoque de las cámaras. Pero eso lo pueden hacer en cualquier sitio más cómodo y cercano de la NASA, no tiene sentido trasladarse a un lugar tan remoto.

Los rover de la isla Devon no tienen paneles solares, lo que significa que tampoco están investigando mejorar la energía que los mueve.

Como no se me ocurre pensar en otro tipo de pruebas la respuesta, tal vez sea, que las fotos que publica la Nasa no sean de Marte y sean de este sitio tan parecido geológicamente, desprovisto de habitantes y alejado de todos los curiosos.

A excepción de la toma de fotografías, los "rovers bebé" son inútiles para otras pruebas.

La foto siguiente fue tomada en la isla Devon y luego modificada al tono rojo como hace la NASA con las fotos marcianas. Podemos compararla con las fotos supuestas de Marte que publica la NASA y nos daremos cuenta cuanto se parecen.

Con frecuencia algún observador de las fotos de "Marte" que publica la NASA, descubre objetos extraños, algunos pequeños insectos, pequeños lagartos o un perro. (El perro es de la isla de Devon)

¿La explicación será que están tomadas en el planeta Tierra?

A continuación una serie de fotografías que van en esa dirección:

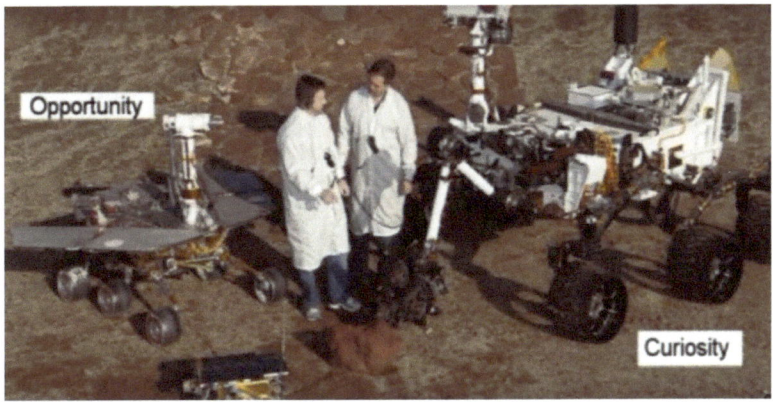

Foto NASA de Marte tomada por el rover Curiosity: PIA16204.

Tomando todo lo anterior en cuenta, ahora es más fácil de entender por qué hay entusiastas en encontrar tantas inconsistencias y anomalías en las imágenes de "Marte". Los medios de comunicación llamaron la "rata de Marte", pero esto es en realidad un lemming ártico (roedor) y se encuentran comúnmente en… si, lo has adivinado: Devon Island.

Fémur y vértebras de una Morsa "en Marte".

http://mars.jpl.nasa.gov/msl-raw-images/msss/00109/mcam/0109MR0684021000E1_DXXX.jpg

Esqueleto de una Morsa (terrestre por supuesto)

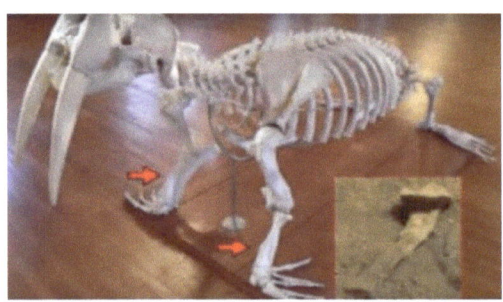

La explicación oficial de la NASA:

"Científicos analizaron la imagen y señalan que no se trata de un hueso, sino de una roca que posiblemente fue esculpida por la erosión del viento o el agua.

Además, si alguna vez existió vida en Marte, ésta sería en pequeñas formas de vida simples como microbios. Marte probablemente nunca tuvo suficiente oxígeno en su atmósfera y en otros lugares para apoyar a organismos más complejos. Así que los grandes fósiles no son probables".

¿Y si todo esto correspondiese a un montaje cinematográfico a gran nivel sostenido en el tiempo? ¿Y si los robot marcianos no están en Marte sino en la isla Devon?

Porque digamos la verdad, si quisieran probar el sistema de tracción o quien sabe qué otra cosa, en Estados Unidos tienen lugares similares.

"¿Qué es lo más difícil de todo?: Lo que parece más sencillo: ver con nuestros propios ojos lo que hay delante de ellos."

Goethe (filósofo y escritor alemán)

¿Quién limpia los paneles solares del rover Oportunity en el planeta Marte?

La versión oficial:

El rover Opportunity, que lleva más de diez años rodando por la superficie de Marte, está más limpio. Según dice la NASA "*el viento ha barrido el polvo que cubría sus paneles solares y la diferencia se nota en la fotografía que ha tomado de sí mismo con la cámara panorámica y que los responsables de la misión han comparado con la misma imagen tomada en enero*". La limpieza de los paneles solares, explica la NASA, "*ha aumentado la cantidad de electricidad disponible para los instrumentos del vehículo*".

Tras recorrer casi 40 kilómetros por el suelo de Marte desde que llegó al planeta vecino el 25 de enero de 2004, pocas semanas después que su gemelo Spirit, (que ya dejó de funcionar), el Opportunity está estudiando pistas del pasado húmedo del planeta rojo. Estos dos vehículos rodantes de exploración planetaria, una misión del Jet Propulsión Laboratory (Caltech) para la NASA, fueron diseñados para funcionar tres meses en el suelo de Marte.

Las sospechas:

En estas fotos tomadas a si mismo por el Opportunity se lo ve lleno de polvo y en la foto siguiente luego de un breve lapso de tiempo, se lo ve milagrosamente limpio y reluciente.

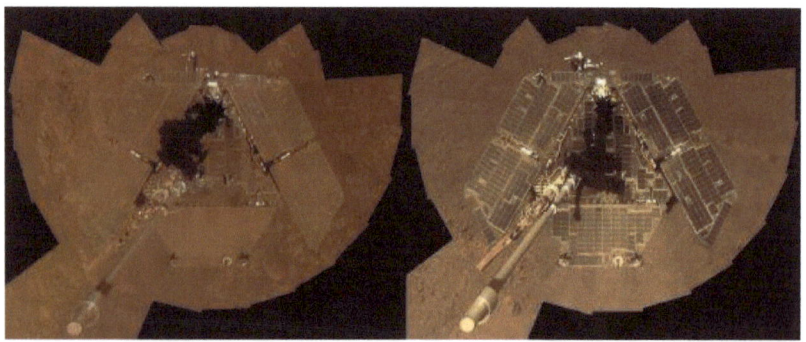

El viento marciano arrastra mucho polvo, pese a ello, los paneles se mantienen limpios, la NASA, insiste que la electricidad estática impide la sedimentación del polvo en el Rover, no obstante algunas cuestiones no parecen encajar.

Como si se tratase de un auto-lavado, se han apreciado fotografías tomadas por el Spirit en las que con un intervalo de pocos minutos se aprecia como sus paneles y componentes llenos de polvo pasan a estar limpios y relucientes, como si una mano misteriosa lo limpiase manualmente.

Zonas tales como bisagras, hendiduras y tornillos que deberían almacenar mucho polvo después de 3 años de funcionamiento en el desierto marciano, aparecen limpias y brillantes, carentes del más mínimo rastro de polvo. En la flecha blanca se puede observar una marca "similar" a la que dejaría la yema de un dedo si la apoyásemos en una superficie de metal con polvo.

Lo que es difícil de digerir es la explicación oficial dada por la NASA: *"el viento ha barrido el polvo que cubría sus paneles solares "*.

Me pregunto si acaso en el planeta Marte existen dos tipos de viento, un viento "malo" que cubre a los rovers de polvo y otro viento "bueno" que no levanta polvo y limpia todo lo que ensució el viento malo.

En realidad nadie sabe lo que sucede en Marte. (o en la Isla Devon)

Mantenga limpio Marte

Tercera parte

Fenómenos naturales no conocidos

La inversión magnética del planeta Tierra y sus consecuencias

Aumento de erupciones volcánicas y terremotos

Según la web especializada "Volcano Discovery", 40 volcanes de todo el mundo están en erupción en estos momentos, de los cuales, 34 están ubicados a lo largo del Anillo de Fuego. Este es un número de erupciones inusualmente alto.

Durante todo el siglo XX, se registraron un total de 3.542 erupciónes volcánicas. Eso correspondería a un promedio de cerca de 35 erupciones volcánicas por año.

Eso significa que en estos momentos y aún sin haber llegado a la mitad del año, ya estamos muy por encima de la media del siglo XX para un año entero.

Además, también estamos sufriendo una gran actividad sísmica, como hemos podido ver con los recientes terremotos. La actividad sísmica parece haber sido cada vez más fuerte en las últimas décadas y ahora las cosas parecen estar acelerándose.

Si parece que el número de terremotos y de volcanes en erupción está aumentando, es porque de hecho, realmente es así.

Entre 1980 y 1989, hubo un promedio de 108,5 sismos superiores a magnitud 6 por año. Sin embargo, entre 2000 y 2014, el planeta promedió 170 terremotos al año.

En lo referente a las erupciones volcánicas, parece estar sucediendo algo similar: Islandia, (que es el hogar de algunos de los volcanes más peligrosos del planeta), Santorini en Grecia, Uturuncu en Bolivia, las calderas de Yellowstone y Long Valley en los EE.UU., la Laguna del Maule en Chile, el Campi Flegrei y el Etna en Italia, casi todos los sistemas volcánicos activos están exhibiendo algunos signos de incremento en su actividad, lo que parece ser una indicación temprana de que la presión está aumentando sobre estos sistemas volcánicos.

Pero donde parece estar despertando más la actividad es alrededor del Anillo del Fuego, dentro del cual se producen aproximadamente el 90% de todos los terremotos y el 75% de todas las erupciones volcánicas.

Dos de los países que puede verse afectados de nuevo por grandes terremotos y erupciones son Japón y Chile.

Un experto japonés advierte que Japón "podría haber entrado en una era de grandes terremotos y erupciones volcánicas", y teniendo en cuenta la inmensa devastación que causó el gran terremoto y el tsunami de 2011 y sus efectos nefastos sobre la Central Nuclear de Fukushima, el peligro que esto podría representar para todo el mundo sería enorme.

¿A qué se debe este incremento de actividad sísmica y volcánica?

Algunos cambios en nuestro planeta podrían tener algo que ver con ello. Según afirma un reciente artículo de Live Science, los científicos están profundamente desconcertados por el hecho de que el campo magnético de nuestro planeta se está debilitando 10 veces más rápido de lo que se creía.

Los científicos ya saben que el norte magnético se mueve.

Una vez cada cien mil años los polos magnéticos se invierten de manera que, lo que las brújulas indican como Norte, pasa a ser el Sur y viceversa.

Aunque los cambios en la intensidad del campo magnético son parte de este ciclo normal, los datos de Swarm han demostrado que el campo magnético se está empezando a debilitar más rápido que en el pasado.

Anteriormente, los investigadores estimaron que el campo se debilitaba un 5% por siglo, pero los nuevos datos revelan que el campo en realidad se debilita un 5% por ciento por década, o 10 veces más rápido de lo pensado.

Por lo tanto, en lugar de ver la inversión completa produciéndose en aproximadamente 2.000 años, como se predijo previamente, los nuevos datos sugieren que podría suceder mucho más temprano.

Disminuye la actividad solar

Durante mucho tiempo, los científicos han sabido que hay una relación entre la actividad solar y la actividad sísmica en nuestro planeta.

Un estudio de 1967 publicado en la revista "Earth and Planetary Science", afirmaba que: "La actividad solar, según lo indicado por las manchas solares, el ruido de radio y los índices geomagnéticos, juegan un importante papel, aunque no exclusivo, en el desencadenamiento de terremotos".

Un informe de 1998 realizado por un científico del Observatorio Astronómico de Beijing afirmaba que: "Los terremotos ocurren con frecuencia cercanos a los años con mínima actividad solar".

Como se informó en NewScientist.com y muchas otras webs científicas, incluyendo Space.com, el sol ha entrado recientemente en su nivel más bajo (mínimo) de actividad en cuatro siglos, coincidiendo con un aumento en la actividad sísmica mundial.

 "De hecho, la actividad solar está disminuyendo al nivel más rápido en los últimos 9300 años"

Por lo que parece, en los últimos años, el sol se ha vuelto extremadamente tranquilo y algunos expertos anuncian que dentro de poco podríamos ver un sol "completamente en blanco", es decir, libre de manchas solares. Y libre de manchas solares, significa "casi sin actividad solar", lo que podría indicar la llegada de una temporada con un incremento aún mayor de la actividad sísmica y volcánica por todo el planeta.

Por si esto resultara poco apocalíptico, algunas teorías científicas sostienen que los períodos de baja actividad solar, es decir, cuando prácticamente desaparecen las manchas solares, provocan pequeñas edades glaciales en la tierra, lo que repercutiría en bajas cosechas y un aumento de la necesidad de consumo energético para contrarrestar el frío intenso y creciente, con las consiguientes hambrunas y tensiones geo-políticas y económicas.

National Geographic:

Disfrutemos de nuestro inquieto Sol mientras dure. Los científicos han anunciado hoy que cuando finalice el último ciclo de manchas solares, es muy posible que el astro entre en hibernación.

Tres estudios independientes sobre la superficie, el interior y la atmósfera superior del Sol coinciden en que el siguiente ciclo solar se retrasará mucho, si es que llega a tener lugar. Normalmente, el siguiente ciclo debería comenzar aproximadamente en 2020.

Los datos indican que pronto tendrá lugar lo que se conoce como mínimo solar, un periodo de baja actividad solar. Este «letargo solar» ha sido comparado con el mínimo solar más profundo que tuvo lugar entre 1645 y 1715, conocido como Mínimo de Maunder.

Este periodo de aproximadamente 70 años coincidió con la etapa más fría de la pequeña Edad de Hielo, cuando se congelaban los canales europeos y los glaciares eran comunes en los pueblos de montaña.

Matt Penn, del Observatorio Solar Nacional, y sus colegas analizaron 13 años de datos de manchas solares tomados por el Telescopio Solar McMath-Pierce de Kitt Peak (Arizona).

Descubrieron una tendencia a largo plazo de debilitamiento de las manchas solares que, de continuar, podría provocar que el campo magnético del Sol no fuera lo suficientemente fuerte para producir manchas solares durante el Ciclo Solar 25, según afirmó el equipo.

"Las manchas oscuras se están volviendo más brillantes», afirmó Penn durante una reunión informativa para la prensa. Basándose en sus datos, el equipo afirmó que el ciclo solar actual, cuando finalice, habrá sido «la mitad de intenso que el Ciclo 23 y el próximo podría no tener manchas solares".

Esperemos que, como ha sucedido otras veces, estas teorías científicas no estén acertadas, porque de lo contrario, nos esperan tiempos muy duros a toda la humanidad.

Me gustaría mucho que los científicos alguna vez se pongan de acuerdo. En los medios de información nos bombardean a menudo con las noticias del próximo "calentamiento global" y salí a comprar cervezas. Ahora nos dicen que se aproxima una era glacial y salí a comprar leña y whisky.

He perdido mi norte, igual que el planeta, pero siempre es mejor estar prevenido e informado.

¿Qué pasa cuando los polos magnéticos de la Tierra se invierten?

Cada varios miles de años, el gigantesco imán que es nuestro planeta cambia su polaridad. Durante el tiempo en el que esto ocurre, se producen varios fenómenos.

Imaginen que un día al despertarse hubiesen perdido el norte, y no en sentido figurado: que el polo magnético que atrae los punteros de las brújulas hubiese cambiado, dándose la vuelta, de forma que el sur magnético coincidiese con el geográfico, y no como ocurre ahora. Imaginen que la polaridad de la Tierra estuviese de pronto de revés.

Se trata de un fenómeno habitual en la vida de nuestro planeta, aunque desde luego no pasa de un día para otro ni ocurre de forma periódica ni estable. Los geofísicos calculan que el fenómeno ha tenido lugar cada 200.000 años de media desde el nacimiento de la Tierra, aunque la última vez que ocurrió, un fenómeno

Conocido como la inversión magnética de Bruhnes-Mayuyama, fue hace casi 800.000 años, hemos sobrepasado este margen. Aunque es difícil de asegurar, algunas señales parecen indicar que estaría a punto de ocurrir de nuevo.

Es posible que llegado el momento, el polo sur estaría en el ecuador.

Lo cierto es que, lo notemos o no, el campo magnético de la Tierra, que nos protege de gran parte de la radiación que nos llega del espacio, sobre todo del Sol, se mueve continuamente. Desde que en 1861 se ubicó por primera vez el polo norte magnético, éste se ha movido más de 1.000 kilómetros, y el movimiento se ha acelerado en los últimos años según los científicos de la NASA: de 10 a 40 millas al año.

Podría llegar el momento en el que las brújulas y demás sensores magnéticos nos marcasen como polo sur los lugares más insospechados. "Se trataría de una inversión progresiva: para llegar del norte al sur, los polos magnéticos tendría que recorrer casi toda la circunferencia de la Tierra. Llegado un momento, estarían a la altura del ecuador", explica Herraiz.

Consecuencias para la vida y la tecnología

De darse una inversión de la polaridad sufriríamos las consecuencias tanto a nivel biológico como tecnológico. La causa es que este fenómeno estaría precedido por un debilitamiento del campo magnético y por tanto de su capacidad para formar la magnetosfera, la región alrededor de la Tierra que nos protege de la radiación solar y del flujo de partículas energéticas provenientes del sol.

Al debilitarse esa capa protectora, nuestro planeta recibiría niveles de radiación mucho más altos, lo que tiene un grave efecto sobre los seres vivos. Si el cambio es inmediato y no se puede desarrollar la protección necesaria, el efecto sería catastrófico". De hecho, algunas investigaciones apuntan a una relación entre la desaparición de los neandertales y un debilitamiento del campo magnético que tuvo lugar hace miles de años.

En el campo de la tecnología, los primeros en sufrir los efectos de la radiación serían los satélites que orbitan nuestro planeta, de los que dependen muchos sistemas de comunicación y navegación: internet, los aviones y demás transportes, todas las redes que dependen de la geo localización. Pocos servicios quedarían sin sufrir las consecuencias.

Pero la Tierra, explica Herraiz, es una unidad en la que pocos fenómenos ocurren de forma aislada sin afectar a los demás elementos, de forma que la debilidad de la magnetosfera provocase también un aumento de los fenómenos meteorológicos extremos, un incremento de procesos geológicos extremos y otras reacciones de carácter planetario al quedar la atmósfera más expuesta a la radiación solar que nos llega en forma de erupciones de partículas solares.

El campo magnético se debilita

Actualmente estamos experimentando un debilitamiento del campo magnético terrestre, cuenta Herrainz, y está ocurriendo más rápido de lo esperado. Según las observaciones de la misión Swarm, de la Agencia Espacial Europea, su fuerza se reduce un 5% cada década, en vez de cada siglo.

De momento se ha debilitado en torno a un 15%. Durante un cambio de polaridad puede llegar a reducirse entre un 40 y un 60%.

Esto podría significar que se acerca una inversión de la polaridad terrestre.

Cada pocos años, el científico Larry Newitt (de la institución Geological Survey de Canadá) se va de caza. Toma sus guantes, su ropa de abrigo, su elegante brújula, y se embarca en un avión y vuela hacia el ártico canadiense. Hay poco movimiento sobre las islas desparramadas y el mar de hielo, pero la presa de Newitt está ahí, siempre en movimiento, cambiante, huidiza.

La presa a capturar es el polo norte magnético de la Tierra que por el momento, se encuentra localizado en el norte de Canadá, a unos 600 km aproximadamente de la villa Resolute Bay.

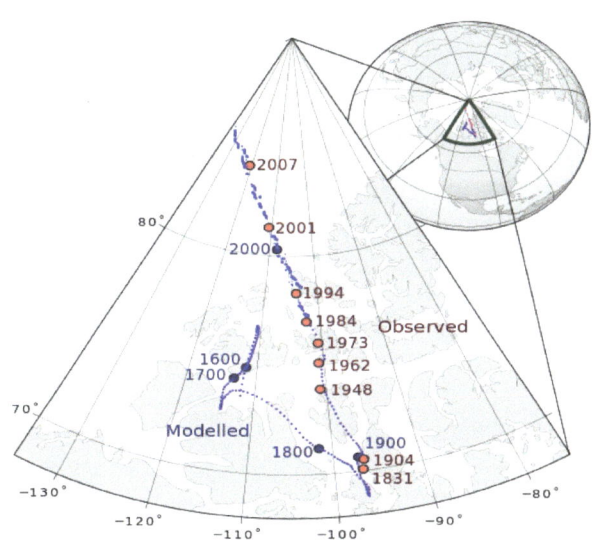

Arriba: El movimiento del polo norte Magnético de la Tierra a través del ártico canadiense desde 1831 hasta el 2007. Geological Survey of Canadá.

Debajo: El desplazamiento de 2896 km. (1.800 millas) en el polo sur.

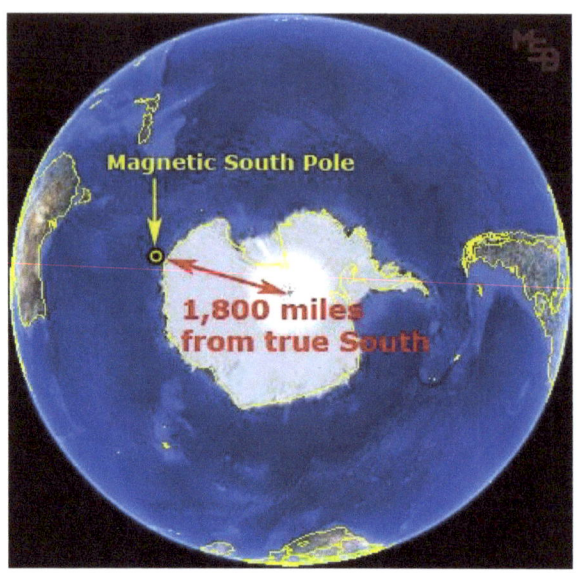

James Ross localizó el polo por primera vez en 1831, tras un agotador viaje por el ártico durante el cual su barco quedó encallado en el hielo durante cuatro años. Después de él, nadie regresó al polo hasta el siglo siguiente. En 1904, Roald Amundsen encontró el polo de nuevo y descubrió que se había movido, al menos, 50 km desde los días de Ross.

El polo siguió moviéndose durante el siglo XX en dirección norte a una velocidad de 10 km por año, acelerando últimamente "hasta 40 km anuales", dice Newitt. A este ritmo abandonará Norte América en busca de Siberia en unas pocas décadas.

El trabajo de Newitt consiste en seguir las huellas del polo norte magnético. "Normalmente salimos y comprobamos su localización una vez cada pocos años", comenta. "Tendremos que hacer viajes más a menudo ahora que se está moviendo tan rápido".

El campo magnético de la Tierra también está sufriendo otro tipo de cambios: las agujas de las brújulas en África, por ejemplo, oscilan casi un grado por década y globalmente el campo magnético se ha debilitado un 10% desde el siglo XIX.

Por muy extraños que nos parezcan estos cambios, "son moderados si los comparamos con los acaecidos durante el pasado afirma el profesor de la Universidad de California Gary Glatzmaier.

Algunas veces el campo se invierte por completo. El polo norte y el sur intercambian sus puestos. Semejantes inversiones, registradas en el magnetismo de antiguas rocas, son impredecibles. Vienen en intervalos irregulares, aproximadamente una vez cada 300.000 años; el último tuvo lugar hace 780.000 años. Si se aproxima un nuevo cambio todavía no lo sabemos.

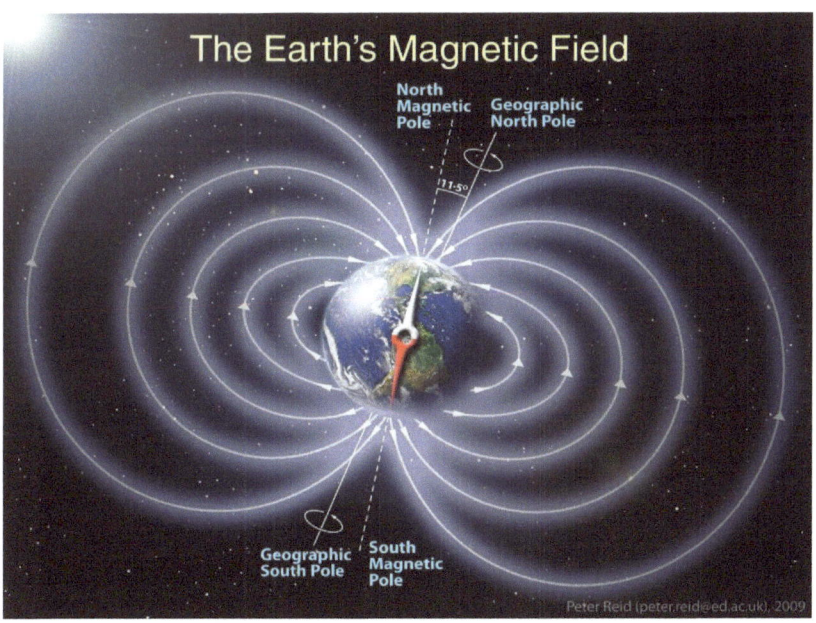

El estudio del pasado magnético de la Tierra recibe el nombre de paleo-magnetismo.

En el núcleo de nuestro planeta existe una bola de hierro sólido, a una temperatura aproximadamente igual de caliente a la superficie del sol. Los investigadores lo llaman el "núcleo interno". Realmente es un mundo en el interior de otro mundo. El núcleo interior tiene un tamaño del 70% de la luna. Gira con período propio, que es de 0,2° grados de longitud por año más rápido que el de la superficie de la Tierra, y cuenta con su propio océano: una capa muy profunda de hierro líquido conocido como el "núcleo externo".

El campo magnético de la Tierra se origina en este océano de hierro, el cual es un fluido conductor de la electricidad en constante movimiento. Descansando sobre el caliente núcleo interior, el núcleo externo líquido se agita furioso como el agua sobre una sartén al fuego. Estos complejos movimientos generan el magnetismo de nuestro planeta a través de un proceso llamado efecto dinamo.

Como recompensa, Tahití sería un gran lugar para observar las auroras boreales. Si eso ocurre, el trabajo de Larry Newitt sería diferente. En lugar de tiritar en Resolute Bay, él podría disfrutar de la calidez del Pacífico sur, saltando de isla en isla, a la caza de los polos magnéticos mientras las auroras danzan sobre su cabeza.

El desplazamiento del polo magnético obliga a ajustar rutas de navegación

Cada día, el Norte está 100 metros más lejos del Polo Norte. Desde 1972 hasta 2001 se desplazó la misma distancia que en los 140 años anteriores. El organismo canadiense indica que en la actualidad el polo norte magnético se desplaza 40 kilómetros por año.

El fenómeno ha obligado a las autoridades aeronáuticas a corregir la orientación de las pistas aéreas en relación con el nuevo norte magnético al que apuntan los instrumentos de navegación, ya que esa información es crucial para organizar el tráfico aéreo. Por ejemplo, el Aeropuerto Internacional de Tampa, en Florida, Estados Unidos, finalizó en febrero este proceso, para lo cual debió cerrar durante un mes sus pistas para el despegue y aterrizaje de naves. "Todo ha sido cambiado, lo que fue un gran trabajo", dijo a Discovery News Brenda Geoghagan, portavoz de la terminal aérea.

Según la publicación, cada cinco años la Administración Federal de Aviación de Los Estados Unidos evalúa la orientación de sus pistas aéreas para realizar los ajustes que sean necesarios.

La dirección General de Aeronáutica Civil explica que, desde hace un tiempo y cada cinco años, reciben de parte de la autoridad aérea estadounidense un software que les sirve como referencia para realizar las correcciones necesarias sobre las pistas. Esta información es complementada con recolección de datos en terreno, análisis del tráfico aéreo y chequeos en laboratorio. En 2010, se realizó la última actualización, que se mantendrá vigente hasta 2015.

Consecuencias del desplazamiento del polo magnético en las ballenas

Los cambios en el magnetismo terrestre podrían tener consecuencias y afectar seriamente a los animales, como aves o ballenas que utilizan el campo magnético para orientarse.

En una de las zonas más remotas y bravas de la Patagonia chilena, donde rara vez transita algún ser humano, han sido halladas, al menos, 337 ballenas muertas, entre cadáveres y esqueletos. "Quedamos estupefactos, en estado de shock. Nos pareció una imagen apocalíptica. Nunca habíamos visto nada igual", relata la directora del Centro Científico Huinay, la chileno-alemana Vreni Häussermann, especialista en los ecosistemas de esta zona del mundo y responsable del hallazgo. "Hay muchas áreas a las que no pudimos llegar, por lo que es altamente probable que haya más especies muertas", agrega Haussermann, que junto a la experta Carolina Gutstein realizó una investigación sobre este varamiento de ballenas con barba, uno de los más numerosos de los que se tenga conocimiento.

Aunque las causas del suceso todavía no son públicas, puesto que serán incluidas próximamente en un artículo en la revista National Geographic, la científica adelanta que se ha descartado la acción de los seres humanos: "Estamos discutiendo causas naturales y de momento no se ve interacción humana. De todas formas, como este 2015 se han registrado mortalidades grandes en otras zonas del Pacífico, Alaska y Columbia Británica, es pertinente que nos preguntemos ¿qué es lo que está pasando?". Häussermann indica que se conocen muy pocas mortalidades masivas de este tipo de ballenas, las de barba, porque esta especie no acostumbra a vivir en grupo. Normalmente, los grandes varamientos se producen en ballenas con dientes, como los delfines.

El hallazgo se produjo por una casualidad. En abril pasado, Häussermann realizaba una expedición en el marco de un proyecto financiado por el Gobierno de Chile sobre los ecosistemas de la Patagonia. Como acostumbra a explorar las zonas más remotas, junto a su equipo consiguió una embarcación para llegar hasta el Golfo de las Penas, un lugar con mucho frío, intenso viento y grandes olas. Cuando cuatro de los investigadores bajaron a bucear, entraron a un fiordo y encontraron la primera ballena muerta. "Ver una no es nada tan especial, pero después vimos más y más. Toda la costa del fiordo llena de cadáveres", relata la científica.

De acuerdo a las muestras de la primera expedición, todo hace suponer que los 337 cadáveres corresponden a ballenas Sei, que acostumbran a habitar en estas zonas gélidas del planeta. La científica relata que son poco conocidas y que ni siquiera se sabe con certeza su población en el Hemisferio Sur. Son grandes, de unos 16 metros, pero tampoco tanto como las azules.

Los investigadores contabilizaron unas cinco acumulaciones, indica Häussermann, aunque desde el aire observaron cadáveres solitarios y otros en grupos pequeños. La zona donde encontraron los cuerpos va desde el Golfo de las Penas hasta Puertos Natales, una extensión de unos 500 kilómetros. Como no alcanzaron a llegar a todos los sitios que tenían planificado, sin embargo, indica que con probabilidad el varamiento es todavía más numeroso: "Es un área tan remota que no se llega en una avioneta sin tener la posibilidad de volver a poner gasolina, lo que en la Patagonia no es posible".

No se trata de un suicidio colectivo: Animales sociales fuertemente cohesionados, tan sólo hicieron lo que su instinto jerárquico les obligaba a hacer: seguir a su líder. Pero por razones desconocidas el líder de la manada se desorientó de tal manera que enfiló directo hacia la costa, hacia la muerte. El resto le siguió ciegamente.

¿Qué ha podido provocar un comportamiento tan terrible?

No está claro, pero todas las sospechas apuntan en dos direcciones: maniobras militares y el cambio magnético de los polos de la Tierra.

Como ha quedado demostrado, el uso por parte de las potencias navales de potentes sonares antisubmarinos y la detonación bajo el mar de explosivos afecta gravemente a la orientación de los cetáceos. También se sospecha de la utilización del HAARP que tiene el poder de crear auroras boreales en los sitios hacia donde se lo dirija.

Por otro lado se sabe que el campo magnético terrestre las ayuda a orientarse y si el polo magnético se está moviendo aceleradamente, es probable que este también sea el motivo de su desorientación.

Los organismos se desarrollan y evolucionan en presencia del campo magnético terrestre y, por tanto, puede existir una ventaja evolutiva en poder detectar dicho campo ya que podría utilizarse, por ejemplo, para la orientación. Así, no debería ser sorprendente la existencia de muchas especies capaces de orientarse usando el campo magnético terrestre.

Se ha observado que durante los periodos de inversiones magnéticas han ocurrido extinciones en masa de animales. Las razones pueden ser múltiples, pero una de ellas puede ser la pérdida de referencias en animales que son capaces de detectar el campo magnético terrestre.

Se han observado estos efectos de los campos magnéticos en el comportamiento de una amplia variedad de organismos, y estos seres tienen la posibilidad de detectar el campo magnético terrestre y usar dicha capacidad para orientarse.

Hay evidencia que los cetáceos nadan siguiendo las líneas del campo magnético terrestre. En el caso de las ballenas, cuando hay perturbaciones geomagnéticas, enfilan hacia las costas debido a que pierden su orientación.

El cambio que podría suponer una inversión del campo geomagnético en la información que algunos animales reciben para su orientación y navegación podría ser crucial. Así, una inversión del campo magnético podría ser fatal para su supervivencia debido al cambio que se produciría en su migración.

Por lo general, resulta una necedad que un astrónomo prenda fuego a otro por estar en desacuerdo con sus teorías sobre el universo. Eso se hacía con frecuencia en el último periodo de decadencia de la Edad Media y se erraba por completo en el objetivo. Pero hay algo infinitamente más absurdo y poco práctico que quemar a un hombre por su filosofía, y es el hábito de asegurar que su verdad no importa, algo que se practica universalmente en el siglo XXI. Las teorías generales se condenan en todas partes.

El propio ateísmo nos resulta demasiado teológico hoy día. La revolución misma es demasiado sistemática; la libertad misma, demasiado restrictiva. No deseamos generalizaciones. Cada vez más pensamos que la regla es que no hay regla.

Importa la opinión de un hombre sobre los rabanitos, sobre el Papa. Pero su opinión sobre el todo no importa. Puede mirar a su alrededor y explorar un millón de estrellas, pero no debe, bajo ningún concepto, dar con ese objeto extraño, el conocimiento, pues si lo hace tendrá una verdad, y se perderá. Todo importa, excepto el todo.

Estamos convencidos de que las teorías no importan. Esa no era precisamente la idea de quienes nos introdujeron a la libertad. Cuando aquellos suprimieron las mordazas de todos los dogmas, su idea era que, de ese modo, pudieran producirse descubrimientos científicos y filosóficos. Para ellos, la verdad cósmica era tan importante que todos debíamos poder aportar nuestro testimonio independiente. La idea moderna, por el contrario, es que la verdad cósmica importa tan poco que nada de lo que nadie diga sobre ella es relevante.

Jamás ha habido tan poco debate sobre la naturaleza del universo como ahora, cuando precisamente, por primera vez, todos pueden debatir sobre él. Las viejas restricciones dogmáticas implicaban que sólo a los sabios y astrónomos se les permitía abordar el tema. La libertad moderna implica que no se le permite a nadie abordarlo. Los medios de comunicación masivos, son el último y más vil de los inventos humanos.

Con nada se han perdido más oportunidades que con el oportunismo. No hay nada que fracase tanto como el éxito. Por estas razones, y muchas más, yo, concretamente, he llegado a creer en el regreso a lo fundamental.

Esa es la idea general de esta obra.

Hugo H. Morel

www.ingramcontent.com/pod-product-compliance
Lightning Source LLC
Chambersburg PA
CBHW041058180526
45172CB00001B/19

* 9 7 8 1 5 2 2 9 9 2 4 8 6 *